从零基础到烹调大师

烹饪基本功

主 编 张 涛 钱 雷

中国商业出版社

图书在版编目(CIP)数据

烹饪基本功/张涛,钱雷主编. ——北京：中国商业出版社,2021.8

ISBN 978-7-5208-1640-3

Ⅰ.①烹… Ⅱ.①张…②钱… Ⅲ.①烹饪-方法-教材 Ⅳ.①TS972.11

中国版本图书馆 CIP 数据核字(2021)第 101308 号

责任编辑:李 飞　蔡 凯

中国商业出版社出版发行
010-63180647　www.c-cbook.com
(100053　北京广安门内报国寺1号)
新华书店经销
炫彩(天津)印刷有限责任公司印刷

*

787 毫米×1092 毫米　16 开　10.5 印张　260 千字
2021 年 8 月第 1 版　2021 年 8 月第 1 次印刷
定价:58.00 元

*　*　*　*

(如有印装质量问题可更换)

前　言

中华饮食文化历史悠久，是中华文化的重要组成部分。中华饮食文化特别是中式烹调技艺在世界饮食文化中占据了重要的地位。在2021年4月，习近平总书记对职业教育工作作出重要指示强调，在全面建设社会主义现代化国家新征程中，职业教育前途广阔、大有可为。加快构建现代职业教育体系，培养更多高素质技术技能人才、能工巧匠、大国工匠。为更好地贯彻落实全国职业教育大会精神，推进社会主义文化强国建设，弘扬中华饮食文化特别是中式烹调技艺、传播中华美食、传播中华优秀文化，经过多次调研论证，我们邀请部分中国中餐烹调技艺的专家学者和烹饪大师精心编写了这套《零基础到烹调大师——烹饪鲁班工坊系列丛书》。

本系列烹饪教材的编写，结合餐饮行业的特点及烹饪人才的需要，根据国家对职业教育的发展要求，以期提高教学质量，改进教学方法，不断推进教学改革，尽快地为社会培养更多更好的烹饪人才。该系列教材既适合高职院校师生使用，又适合中职学校师生及社会培训机构使用。

《烹饪基本功》这门课程，是烹饪专业的基础课程，主要是针对初学者的技能和理论知识要求，对具体的基本知识进行讲解，便于系统地学习相关专业知识，也为后面学习烹饪技艺打下良好的基础，它涉及了烹饪专业教学中的原料学、烹饪技法、成本核算等课程。作为基础课程，在教学方法与教学手段上，坚持以先进的教学理念指导教学方法的改革；灵活运用多种教学方法，调动学生学习积极性，促进学生学习能力发展；坚持协调传统教学手段和现代教育技术相结合，坚持理论教学与实践教学并存，特别是重视在实践教学中培养学生的实践能力和创新能力。

在课程设计思路上，坚持以能力为本位，既注重基础理论知识，更重视实践基础能力的养成，突出了职业教育的特色；在课程内容与结构上，力求内容充实、结构合理。既有理论知识，也有实践技能，并配有一定的图示，一目了然。《烹饪基本功》是理论知识和实践技能基础性很强的一门课程，在内容上坚持以专业的技能需要为基点，重点强调基础理论知识，基础实践技能主要体现在刀工刀法等方面，为进一步系统学习专业知识打下基础，便于学生的学习，对学生的专业技能学习有极其重要的指导作用。

本书由江苏省徐州技师学院张涛、江苏省邳州中等专业学校钱雷担任主编，全书由张涛统稿整理。

本书在编写过程中，得到了江苏省徐州技师学院、江苏省邳州中等专业学校相关领导的大力支持，在此表示衷心的感谢。

由于编者时间仓促、水平有限，缺点遗漏在所难免，书中缺点、不妥之处，恳请专家、同行及广大读者批评指正。

编者

2021 年 7 月

目 录

第一章　认识烹饪……………………………………………(1)
　　第一节　烹饪的起源和发展………………………………(6)
　　第二节　烹饪的意义和作用………………………………(9)

第二章　烹饪原料的鉴别和储存……………………………(15)
　　第一节　烹饪原料基础知识………………………………(17)
　　第二节　烹饪原料的鉴别标准和方法……………………(23)
　　第三节　烹饪原料的储存…………………………………(37)

第三章　烹饪设备……………………………………………(49)
　　第一节　厨房设备的要求和分类…………………………(51)
　　第二节　主要的烹饪设备…………………………………(53)
　　第三节　厨房设备的使用与保养…………………………(59)

第四章　刀工和刀法…………………………………………(67)
　　第一节　刀工的概念、要求和作用………………………(69)
　　第二节　刀具的使用………………………………………(75)
　　第三节　刀法………………………………………………(80)
　　第四节　原料的成型………………………………………(90)

第五章　勺　工………………………………………………(97)

第六章　原料的初步加工……………………………………(105)
　　第一节　鲜活原料的初加工………………………………(109)
　　第二节　分档取料…………………………………………(120)

第七章　配　菜………………………………………………(141)
　　第一节　配菜的意义和原则………………………………(143)
　　第二节　配菜的要求和方法………………………………(148)
　　第三节　菜肴的命名………………………………………(157)

第 一 章

认识烹饪

一、烹饪与烹调

"烹"就是加热的意思,"饪"是指成熟的意思,狭义地说,烹饪是对食物原料进行热加工,将生的食物原料加工成熟食品,是煮熟食物;广义地说,烹饪是对食物原料进行合理选择调配,加工洗净,加热调味,使之成为色、香、味、形、质、养兼美的安全无害的、利于吸收、益人健康、强人体质的饭食菜品。包括调味熟食,也包括调制生食。而原料的选择、初步加工、切配等都是为"烹饪"做准备的,为"烹饪"服务的。所以,从原料选择、初步加工、切配开始,再根据各种不同制品的不同要求,进行各种不同的操作,形成一个体系,这就是烹饪过程。

烹饪,是人类为了满足生理需求和心理需求,把可食原料用适当方法,加工成为直接食用成品的活动。它包含烹调生产和饮食消费及与之相关的各种文化现象。烹饪一词,最早见于 2700 年前的曲籍《易经·鼎》中,原文为"以木巽火,亨饪也"。"木"指燃料,如柴、草之类。"巽"的原意是风,此处指顺风点火。"亨"在先秦与烹通用,为煮的意思。"饪"既指食物成熟,也指食物生熟程度的标准,是古代熟食的通称。"以木巽火,亨饪也"就是:将食物原料置放在炊具中,添加清水和味料,用柴草顺风点火煮熟。由此可知,烹饪这一概念在古代包括炊具、燃料、食物原料、调味品以及烹制方法诸项内容,反映出奴隶社会时期先民生活状况及其对饮馔的认识。还由于古代厨务没有明显分工,厨师既管做菜,又管做饭,还要酿酒、造酱、屠宰、储藏,因此烹饪一词,在古代实际是食品加工制作技术的泛称。

人们习惯把烹饪分为红白两案,"烹调"一般就是专指红案,相对烹饪,烹调的含义就窄得多了,简单地说:"烹调"是指副食品加工而言,是副食品加工的简称。烹与调是菜肴制作密不可分的两个环节。"烹"指就是加热处理,就是对火候的控制,起源于火的利用。"调",就是调味,起源于盐的发现。因此,"烹调"是烹饪学中的一个重要组成部分。烹调一词,在唐宋时期即已出现。如陆游《剑南诗稿·种菜》:"菜把青青间药苗,豉香盐白自烹调。"这时的"烹"加热烹炒,"调"即配料调味。

至于烹饪学的属性,目前说法不一。第一种观点认为,这是研究食物来源、烹制、保藏和提高食用价值的科学;第二种观点认为,这是研究烹饪历史、烹饪原理、烹饪工艺的科学;第三种观点认为,这是研究中国菜点及其生产与消费规律的科学,并且具有综合科学和边缘科学的属性。现在,第三种观点已被越来越多的学者认可,还有许多从业人员投入这一研究的行列中来。

二、烹饪艺术

中国的烹饪艺术是在烹饪历史发展过程中,逐渐形成、发展并丰富起来的。具有实用目的与审美价值紧密相连的特点。如陶制炊器的器形从实用需要设计出发,本意为放置平稳,受热均匀,但却给人以对称、均衡美的感受。陶器、铜器、铁器的不断演进,不仅是对工艺、性能方面的改进,还包含着追求形式美的意图。随着物质生产的发展和社会生活的进步,烹饪越来越具有审美性质,直至发展成为实用与审美并重的各种花色造型菜点及丰盛华丽的筵席。中国烹饪艺术虽然受到烹饪原料、烹饪技术、食品实用功能等因素的制约,具有相对的局限性,但它与其他艺术种类相比较,却有自己的艺术特点,即融绘画、雕塑、装饰、园林等艺术形式于一体。

三、烹饪科学

科学是具体的事物及其客观规则,具体的实事求是,诸多的实践经验,实证之学,科学主要内容是具体的世界观与具体的方法。烹饪本质是人类制作食物的一种技术,但是烹饪又是特定人类社会活动的特殊载体。另外,烹饪的生产过程和消费过程紧密相连,消费对生产具有决定性的作用;烹饪的科学化不仅仅是技术的科学化,应该从烹饪活动的全部内容出发,全方位地予以认真研究,进而界定烹饪的本质、烹饪科学的内容和烹饪科学的归属等问题。

当代正处在社会科学化和科学社会化日益迅猛发展的伟大时代。科学技术对于人类传统烹饪饮食的影响、变革,乃至革命,在某种意义上说,都或多或少、或强或弱、或迟或早地受到并还将继续受到科学技术的影响与改造,甚至在一定时代和条件下产生世界性的烹饪革命。

烹饪这门科学与社会经济、农艺、畜牧、渔业、食物保鲜、生物化学、饮食器械、营养学、食疗、饮食风俗、中外经济交流等关系密切,是烹饪研究中的重要领域,要建立科学的烹饪体系。

四、烹饪文化

烹饪是人类在烹调与饮食的实践活动中创造和积累的物质财富与精神财富的总和。它包含烹调技术、烹调生产活动、烹调生产出的各类食品、饮食消费活动以及由此衍生出的众多精神产品。中国烹饪文化具有独特的民族特色和浓郁的东方魅力,主要表现为以味的享受为核心、以饮食养生为目的的和谐与统一。

文化是一种社会现象,是人们长期创造形成的产物。同时又是一种历史现象,是社会历史的积淀物。确切地说,文化是指一个国家或民族的历史、地理、风土人情、传统习俗、生活方式、文学艺术、行为规范、思维方式、价值观念等。

广义的烹饪文化是指与烹饪有关的一切生活方式和为满足这种生活方式进行的物质文明和精神文明创造,以及基于这些方式形成的心理和行为。其具体内容包括三个层次:一是烹饪物态文化,指与烹饪有关的遗迹、遗存;二是烹饪制度行为文化,各种纪念烹饪活动的风俗习惯、行为礼仪、谚语故事等;三是烹饪精神心理文化,指人们在长期的烹饪实践和意识活动中形成的价值观念、思维方式、审美情趣、心理性格等。狭义的烹饪文化则是指烹饪起源、发展、完善以及衍生出的系列烹饪范围手段的生命哲学,以及对中国民族精神所产生的影响。

五、主食、小吃、菜肴、面点、点心

主食:包括饭、粥、面、饼、包、饺、糕、粑等可以充当正餐的食品,一般由家庭或集体食堂制作,其特色也十分鲜明:一是用料大多单一,调配料较少,主要提供糖类,在膳食结构中占据主导地位。二是品种基本固定,四季三餐变化不大,人们食用已成习惯。三是工艺简便,易于掌握,现做现吃,且与菜肴配套。四是成本低廉,每餐必备,有明显的地区指向性。

小吃:也叫小食、零吃,系指正餐和主食之外,用于充饥、消闲的粮食制品或其他食品。也兼作早餐或夜宵。小吃的提法主要见于四川和北方,其特色为:一是用料荤素兼备,每份量大。二是多为大路品种,档次偏低。三是常由摊贩制作,在街头销售。四是地方风味浓郁,顾客众多。

菜肴:古称肴羞、肴核。肴是荤菜,主要指鱼肉类食品;馐也是食物;羞是美味食品;核是蔬菜果核食物。菜肴就是调制成的荤菜素菜的总称。菜肴的属性一般表现在三方面,即:"色、香、味",也有称其属性为:"色、香、味、皿"的,更全面地说,菜肴的属性应该是"质、色、香、味、形、皿"六方面。菜肴质感,是由视觉和触觉两种感受结合起来而产生的一种心理感受,诸如光滑、粗糙、细腻、软滑、爽滑、坚实、蓬松、干燥、滋润、弹脆、脆嫩、老韧、酥烂等。"色"包括主料与辅料色泽配合、料与汁色泽的配合、以及装饰料色泽的配合。"香"包括能嗅到的合乎标准的肉香、鱼香、菜香、果香等香气。"味"是菜肴特有的能尝到的咸、甜、酸等滋味。"形"包括菜肴中的主料、辅料成熟的形状,以及菜肴盛装在容器中的形象。"皿"包括器皿的形状和大小与菜肴的质量相称,器皿的质地和色彩与菜肴和质色相称,整桌菜肴与多种器皿之间的形状、大小、质地色彩配置相称等。

面点:是以米、麦、豆、薯等为主料,肉品、蛋奶、蔬果、调味品做辅料,通过制坯、包馅、成型、熟制等工序制成的食品。它的外延最宽,包括中点和西点、大路点心和筵席点心、日常小吃和节令小吃、通行面点和地方面点,以及历史名点、祭点、民族点心等。其特色是:历史悠久,品种丰富,样式众多,宜时当令,可塑性强,在海内外影响深远。

点心:又称细点或花点,是面点中的一个大类。其特色是:注重款式和档次,讲究造型和配器,玲珑精巧,观赏价值高,多作席点或茶点食用。有些地区如上海和广东等地将面点统称为点心。

第一节　烹饪的起源和发展

"烹"起源于火的利用。中华民族的祖先，从猿进化为原始人的时代，长期过着原始的生活，"茹毛饮血，生吞活嚼"。古代人所住的森林，常常因遭受电的袭击而引起火灾。当火熄灭之后，人们偶然吃到被烧的野兽尸体，觉得这种烧熟的兽肉，比生的兽肉好吃得多，并且滋味鲜美。经过无数次的重复，人们逐渐懂得食物是可以用火烧熟了吃的，于是便开始留下火种。后来，人们又在劳动实践中，发明了钻木取火和激石取火的方法，这时就正式吃熟食了。这就是"烹"的起源。"调"起源于盐的利用。人们开始吃熟食，只是把食物烧熟而已，还谈不上调味。经过若干年之后，有些生活于海滨的原始人，偶尔把猎来的食物放在海滩上。海滩因被海水浸湿，经过日光蒸发，地面上出现一层白色晶体，这就是盐。食物放在海滩上，表面上沾了一些盐的晶粒，人们把沾了盐的食物烧熟了吃的时候，发现滋味芳香。由此，人们就开始研究盐和食物的关系。经过长期的实践，证明盐能够增加食物的滋味，于是开始收集盐。后来又发明了烧煮海水提取食盐的方法，作为烧食物时的调味品，这就是"调"的开始。烹和调是紧密结合在一起的。烹，是烧煮食物；调，是调和滋味。烹调在整个社会生活中是不可缺少的部分。我们国家烹调技术的起源，已经有几千年的历史。在距今五千多年的新时期时代的晚期，由于发明的陶器，因而出现了烹煮法和汽蒸法。加上人们的定居，家禽家畜的普遍饲养，垦殖事业的发展，烹调原料和工具多种多样，各种菜肴也就逐渐发展起来了。

一、萌芽时期

在新石器时代，食物原料多系渔猎的水鲜和野兽，间有驯化的禽畜、采集的草果及试种的五谷；调味品主要是粗盐；炊具是陶制的鼎、甑、鬲、釜、罐和地灶、砖灶、石灶；燃料仍系柴草；还有粗制的钵、碗、盘、盆作为食具，烹调方法是火炙、石燔与水煮、汽蒸并重，较为粗放。

在夏商周时期，系中国烹饪发展史上的"初潮"。它在许多方面都有突破，对后世影响深远。烹调原料显著增加，习惯于以"五"命名，如"五谷"（稻、黍、稷、麦、豆），"五菜"（葵甘、藿咸、薤苦、葱辛、韭酸），"五畜"（牛、羊、猪、犬、鸡），"五果"（枣、李、栗、杏、桃），"五味"（酸、甜、苦、辣、咸），"五香"（花椒、八角、桂皮、丁香、茴香子）之类；炊饮器皿革新，轻薄精巧的青铜食具登上了烹饪舞台；出现了烘、烤、烧、煮、爆、蒸等烹调方法。

春秋战国时期，食源进一步扩大，不仅家畜野味共登盘餐，蔬果五谷俱列食谱，而且注意水产资源的开发，在南方的许多地区，鱼虾龟蚌与猪狗牛羊同处于重要的位置，这是前所未有的；炊具出现了铁制器皿，较之青铜炊具更为先进，为油烹法的问世准备了条件；与此同时，动物性油脂和调味品，也日渐增多，花椒、生姜、桂皮、小蒜运用普遍，菜肴制法和味型也有新的变化，并且出现了简单的冷饮制品和蜜渍、油炸点心等。

二、形成时期

在烹饪原料方面，在先秦五谷、五畜、五菜、五果、五味的基础上，汉魏六朝的食料进一步得到扩充。张骞通西域后，相继从阿拉伯等地引进了茄子、大蒜、西瓜、黄瓜、扁豆、刀豆等蔬菜品种，增加了素食的品种。特别重要的是，从西域引进芝麻后，人们学会了用它榨油，从此，植物油便登上中国烹饪原料的大舞台，促使油烹法的诞生。

在烹饪用具方面，铁器取代了铜器，并已逐步向轻薄小巧的方向发展。

在烹调方法方面，汉魏时期出现了两次厨务大分工，首先是红白两案的分工，接着是炉与案的分工。这有利于厨师集中精力专攻一行，提高技术。在烹调技法上，也比先秦精细，已广泛应用油炸法、油煎法等。

烹饪理论方面，这一时期可以说是由"术"到"学"的飞跃阶段，已经开始把烹调技术作为专门学问而加以研究。这一时期出现了很多关于烹调技术的著述，如西晋何曾的《安平公食学》、北齐谢讽的《食经》、南北朝时虞悰的《食珍录》等书，都是世界上最早的有关烹调技术的著述。

三、发展时期

此阶段先后经历过隋、唐、五代十国、北宋、辽、西夏、南宋、金、元等20多个朝代，是中国烹饪发展史上的第二个高潮。

在烹饪原料方面，从西域和南洋引进的品种更多，同时国内食物资源也进一步开发，尤其是海产品用量激增。

炊饮器皿方面向小巧、轻薄、实用的方向发展。

从燃料看，这时较多使用煤炭，部分地区还使用天然气和石油；有了耐烧的"金刚炭"（焦煤）、类似蜂窝煤的"黑太阳"，以及相当于火柴的"火寸"。

在烹调技法方面，隋唐宋元的突出成就是工艺菜式（包括食雕冷拼和造型大菜）的勃兴。这一时期加工工艺开始变得精细，出现了刻刀技术和炒、爆等技术，菜点品种显著增多，宴席华贵丰盛，菜肴外形美观更为世人所重视。餐饮市场繁荣，风味菜点相继问世。

烹饪理论方面，又出现了一批颇有价值的食谱。如"药王"孙思邈的《千金药方·食治》、孟诜的《食疗本草》、元代饮膳太医忽思慧的《饮膳正要》等。

四、繁荣时期

是指明清时期，这一阶段政局稳定，经济上升，物资充裕，饮食文化发达，是中国烹饪史上第三个高潮，硕果累累。

烹饪原料随着中外文化的交流，使食源更为充沛，从陆产到水产，各种原料无所不用。烹调方法空前增多，工艺规程日益规范，菜点质量更上一层楼。

筵席发展到明清，已日趋成熟。餐室富丽堂皇，环境雅致舒适；筵席设计注重套路、气势和命名；各式全席颖脱而出，制作工艺美轮美奂；少数民族酒筵发展，并显现出不同的民族礼俗。特别是以"满汉全席"为标志的超级大宴活跃在南北，中国饮膳结出硕大的花蕾，达到了古代社会的最高水平，获得"烹饪王国"的美誉。

饮食市场已向专业化、集约化发展，同时全国各地的烹饪体系已经形成，各种风味流派蓬勃发展。

《烹饪赋》

作者：苍山牧云

煎烹食德，各有风味；荤素大义，俱称经典。天地之美，得益山川日月之馈赠；食色之欲，取于杯光著影之交辉。三餐延香火于百代，一宵觞食话以千秋。论食说吃之道，宏微俱致；饮性食趣之理，无有不精。或采集之蔬，或渔猎之兽，或畜牧之美，或农耕之粮，或海洋之精，皆可下锅一烩，甄别风采。

夫架石磊灶为炉，煮海烹天以飨。食材取地利之便，技艺修灵巧之功，火候得三味之意，烹制承人文之华。或肉食为主，素食补之，化时蔬为美味，收于五脏之内。或海食为尚，陆食辅之，烹掌故为今典，显于胃目之中。鱼酒之鲜，南服猛火攻粥；乘快味之美，北客温炉调面。足证南粥北面之风姿，各得沧海之一勺耳。膳食里手，非有画活写透之力；煮炖行家，非有刻雕细描之术；不可得其妙味也。

炒爆焖焗，衔名珍馐之谓，引上仙回顾；腌渍浸泡，夺誉味蕾之酥，饶高士流涎。操刀大匠，妙取宫廷之巧工；神厨功夫，智汇家常之狂想。一锅荟萃，分外有心，虽隔河背山之遥而其味异也。或有云，味先之酿，必有秘籍，然过秘之法常有失传之忧。故其技愈俗，而其味愈久也。

第二节　烹饪的意义和作用

一、烹饪的意义

1.彻底改变了人类茹毛饮血的生活方式，为人类提供富含营养的膳食，强人体质，满足人类饮食生活中的物质需求。

2.烹饪可以达到杀菌消毒的目的，改善营养，提供健康安全的膳食，保证饮食卫生，为人类智力和体力的发展创造了有利条件。提高了人类征服自然、改造自然的能力。

3.进一步扩大了食物的食用范围，提高了人们的生活质量，提供色、形、味兼美的膳食。

4.使食物的储存、加工得到了发展，人类逐渐养成了定时饮食的习惯，有了更多的时间从事生产劳动，使生产力得到了发展。

5.提高了人们的生活质量，推进人类文明建设，并形成灿烂的饮食文化。烹饪及其产品，是人类通过辛勤劳动创造的一种审美对象，它可以拓展生活领域，提高人生境界，烹饪在社会生活中占有重要地位，是一个民族聪明智慧的标志，一个国家繁荣昌盛的体现。烹饪中创造的美味，不仅可以装点生活、营养身体、陶冶情操，还能在推进物质文明的同时推进精神文明。

二、烹饪的作用

1.杀菌消毒，保证食物安全卫生。

一般来说，生的食物原料，不论多么新鲜，都或多或少地带有各种各样的致病菌和寄生虫。如果不进行灭杀，人们吃了以后很容易致病或发生食物中毒。这些病虫菌需要在80～100℃甚至更高的温度下才能被杀死。因此，加热处理是对食物进行杀菌消毒及防腐的有效办法。鱼、肉等原料都是热的不良导体，如鱼块、肉块较大，尽管加热时间较长，表面温度很高，原料内部的温度仍很低，深藏在里边的病菌原虫仍不会全部被杀死，所以加热的时间要适当延长，原料的体积要适当减小，以保证原料内部的病菌原虫充分杀死。

2.促使养料分解，便于消化吸收。

有相当多的食物不经过烹制是不易被人体消化和吸收的，这是因为食物中的营养成分，如蛋白质、脂肪、糖、无机盐、维生素等都包含在各种食物的组织内部，没有分解出来。而食物经过高温烹制，就会发生复杂的物理与化学变化。组织成分经过初步分解，一部分蛋白质凝固了，另一部分蛋白质被溶解在汤内，形成胶质蛋白；一部分淀粉变成糊精，另一部分被分解为各种糖；纤维组织松散了；脂肪被分解；植物中坚韧的细胞膜被破坏，维生素、无机盐也发生了变化。这一系列的变化，等于在人体外先对食物进行了初步的消化工作，减轻了人体内消化器官的负担，使人们吃进经烹调的食物以后，更易于消化吸收，从而提高了食物的消化和吸收率。

3.去腥解腻，增加食物香味。

有些原料，如牛、羊、猪肉，水产品等，往往有较重的腥膻气味，肉类原料还有较重的油腻。这些均不适合人们的口味，必须要除去，加热可除去一部分，但往往不能除尽，这就必须借助于一些调味品，或配合一些其他原料。如葱、姜、蒜、酒、醋、盐、糖、香料等都有去腥解腻的作用。配料如安排得当，也可起到去腥解腻的作用。如羊肉烧胡萝卜即可除去羊肉的腥膻气味。

食物加热时，借助于气体与液体的对流作用，使原料内部的汁浆排出，使所含的烃、醇、酯、酮、酚等有机物气化，而散发出香味，所以食物只有加高温烹制，才会香味四溢。

一种菜肴往往有好几种原料，每一种原料都有它自己的味道。在烹制前，各种味道独立存在互不融和，但经高温加热后，几种原料的分子就产生了激烈的运动，它们相互渗透，一种原料的分子进入另一种原料的组织内，于是就产生了复合美味。如干菜烧肉，通过烹制，肉的分子通过锅内的沸水浸入到干菜中去；反之，干菜的分子也浸入到肉的组织中去，所以，肉含有干菜的味道，干菜也含有肉的味道。

4.调合滋味，确立菜肴的味型。

生的食物原料都各有一种特殊的味道，有的味道是不适合人的口味要求的。尤其是鱼、羊的腥膻味，更为人们所讨厌。通过烹调，调味品在加热中互相"扩散"、"渗透"、相互影响等作用，会使一些腥膻异味或许多单一味变为人们所喜欢的复合美味，从而促进食欲，如："糖醋鱼""蘑菇鸡"等。

有些原料的特殊滋味很重，为了能适当地冲淡其部分滋味，就要搭配些清淡的原料或加入一些调味品。如辣椒的辣味很重，在炒辣椒时可加一些盐、酒及酱油等调味品，或搭配清淡的豆腐干，即可减轻辣味。

有些原料的滋味很淡，甚至根本没味，如烹制时不加重它的滋味，就必须加入调味品或配以味重的原料。如豆腐、土豆、粉皮、萝卜之类滋味很淡，在烹制时可适当加入一些葱、姜、糖、醋、鲜汤或酱油等调味品，或搭配些鱼、肉等味浓的原料，就可以增加它们的滋味。还有些原料像鱼翅、海参、燕窝之类，基本上没有什么滋味，所以一般都要与鸡汤或其他鲜汤一同烹制，使鲜味浸入内部，以增加它的滋味。

一个菜肴到最后究竟形成什么滋味，主要靠调味品来决定。烹制同一种原料菜肴，加的调味品不同，就会烹制出多种不同味道的菜肴。如排骨加糖醋可制成酸甜的糖醋排骨；加椒盐，可制成香咸的椒盐排骨。同样的鸡，以桂皮、茴香为主进行调味，就可制成五香扒鸡；以咖喱为主进行调味，就可制成咖喱鸡；以牛奶为主进行调味，就成了雪衣鸡；如果以辣椒油、芝麻酱、花椒粉、糖、醋、酱油等多种调味品进行烹制，就可制成怪味鸡。

5.调解色泽、增加美感。

烹调可以使原料色泽更加美观，如叶菜类加热后会变得更加碧绿；鱼片会更加洁白；虾会呈鲜红色彩等。如配上各种调、配料，色彩更艳。还有些原料，如鱿鱼、腰子等经花刀后，通过烹制可成为各种美丽的形状，会给人以美的享受。应用调味品，不仅可以增减菜肴的滋味，还可以增加菜肴的色彩，使其色泽调和得宜，鲜艳美观。如用红酱油或酱来调味，可使菜肴的色泽红艳；红乳腐汁、番茄酱可使菜肴呈玫瑰色，红糖可让菜肴呈红色，咖喱可使菜肴呈淡黄色。

三、中国烹饪的特征

1.注重原料，选料讲究

原料丰富，选取广泛，注重选择，菜品繁多是中国烹饪的一个重要特征。我国地跨寒带、温带、亚热带三个区域，在辽阔疆域里，拥有着丰富的物产，常年盛产各种应有尽有的动植物原料。在悠久的烹调实践中，更加难能可贵的是，历代厨师并不保守，对于各种类型的原料积极地进行开发和运用，可以说："天上飞的、地上走的、土里长的、水里生的"都可以作为烹饪菜肴的原料。

2.刀工精湛，讲究配料

这是对中华饮食文化内在品质的概括。孔子说过："食不厌精，脍不厌细。"这反映了先民对于饮食的精品意识。当然，这可能仅仅局限于某些贵族阶层。但是，这种精品意识作为一种文化精神，却越来越广泛、越来越深入地渗透、贯彻到整个饮食活动过程中。选料、烹调、配搭乃至饮食环境，都体现着一个"精"字。

可以说，中式烹饪的刀工在世界上是独一无二的，可以将原料切成条、丝、丁、片、块、段、米、粒、末、蓉等形状，也可以利用混合刀法，将原料加工成麦穗、荔枝、蓑衣、梳子、菊花等形状。同时，对于配料也讲究合理，为了协调色泽，使主料得以突出，有顺色配和俏色配两种方式；讲究辅料不能大于主料，要突出、烘托主料的味道，荤素要合理搭配。

在这一思想指导下，中国烹饪历来讲究烹调原料的组配，如饭配菜、荤配素、点心包馅、面加臊子、荤菜素炒、素菜荤炒、"每食不用重肉"、节假日"开荤"、饭前吃蜜脯、饭后备水果等。更值得注意的是，大多数中国菜都不是一种原料制成的，而是两种、三种、四种乃至更多种，如"全家福""罗汉斋""龙虎斗""佛跳墙"之类，这样，营养平衡的思想就直接落实到每一盘菜中，显然，这对养营摄生是有利的。

3.注重调味，味型丰富

有些美食家曾把一些国家的肴馔进行过形象的比较，说法国菜是鼻子的菜（重香），日本菜是眼睛的菜（重色），中国菜是舌头的菜（重味），美国菜讲时髦（变化快），苏俄菜讲实惠（分量足），土耳其菜、非洲菜和印度菜讲戒律（宗教影响大）。这种说法虽不全面，但有某些道理，它点破了这些菜种的特征和迷人的奥秘所在。

菜肴味的调和至关重要，《吕览·本味》便明确提出八条标准："久而不弊，熟而不烂，甘而不哝，酸而不酷，咸而不减，辛而不烈，淡而不薄，肥而不腻（腌腊制品不变质，煨炖食品不走形，加糖不能甜过分，调醋不能酸太浓，下盐不能咸涩口，加辣不能太呛喉，汤要清鲜汁不淡，肉要肥美不腻人）"。这都是把"五味调和"作为生活审美中的一种格调、一种境界、一种美感、一种享受来追求的。

中国菜把"五味调和"放在菜品制作和质量鉴定的首位。故而古代强调时序、适口和本味，现今重视爽口、开胃和畅神。根据"口之于味，有同嗜焉"的饮食审美普遍法则，历代名厨主张鲜咸为主，少用调料，物尽天然，返璞归真，尽量显现原料的天生丽质，崇尚清淡；根据"物无定味，适口者珍"的饮食审美特殊要求，各地巧师又灵活运用味、料、刀、勺、水、火、器、炉等要素，对菜品质感施加积极影响，使之入乡随俗，因人、因事、因时、因地而变，力求达到"一菜一格、百菜百味"的极致。所以，味的用料广；味型变化多；调味力一法细；味觉的层次感深；注重显现主料之味质朴的内涵；味的丰美性、差异性与独特性的辩证统一；味与乡风民俗、宗教信仰、民族习性结合；味的因时而异、因地而异、因席而异、因人而异；品味后的余韵悠长以及按风味给菜系定性等，都是中国烹调工艺的精髓，中国菜品的灵魂。

4.讲究火候，技法多样

针对原料的不同质地和味道，讲究用火适度，有的短时间旺火加热，有的长时间慢火烹调，还有时交替使用大中微火，从而使菜肴呈现出不同的口感；技法多样是中式烹饪在世界上独树一帜的特色，据统计，目前烹饪行业上常用的烹饪方法就多达近50种。

5.风味多样，四季有别

我国一直就有"南米北面"的说法，口味上有"南甜北咸东酸西辣"之分，主要是巴蜀、齐鲁、淮扬、粤闽四大风味。中国人善于根据四季变化搭配食物，夏天多吃清淡爽口食物，冬天多吃味醇浓厚食物。

6.考究盛器，艺术性强

烹饪是一种吃的艺术。在烹饪中，它有自然美、社会生活美、艺术美等美的形态。厨师按照自己的审美意识（即评判美的标准），进行着审美活动（制作菜品），客人获取美感（欣赏、评价、享用菜品），双方都可得到心理上的满足。

当客人品尝一道道珍馐佳肴时，不仅可以果腹充饥，大饱口福，还可以通过对菜品的审名、辨色、观型、看器、闻香、品味，大饱眼福，增进知识，获取精神上的享受，特别是那些制作精美的工艺菜，集味觉艺术、色彩艺术和造型艺术于一体，立意高雅，物象具有吉祥意义，风格为中华民族喜闻乐见，构图分宾主、讲虚实、重疏密、有节奏，形似与神似结合，色泽鲜亮，手法简洁，既符合卫生又富于营养，宛如工艺品，它所具有的魅力更能使客人感到欢愉。

自古以来，中国人就把饮食美作为生活审美中的主要对象，不仅要求吃得好，还要求吃得开心，历来都是把食用与观赏结合在一起的，重视美食、美名、美情、美景、美趣、美韵的协调。既然是这样，无疑便增加了烹饪的难度，提高了对厨艺的要求。

7.中西结合，借鉴创新

在对优秀传统进行不断传承的基础上，中式烹饪擅长将民族的餐饮特点与西餐的一些优秀元素有机结合，例如选择原料、使用调料、改进加热方法及革新工艺等方面。

8.食医结合，注重养生

中国传统上非常重视食医结合。早在先秦，医生和厨师已配合默契，药品与食物常常一致；后来食与医虽然分了家，但是饮膳仍以医学作指导，医家也多用食物来治病。特别是古医学的药物炮制、饮食洁净、偏嗜八戒、调味五禁、食物中毒、季节进补等学说，都曾被菜谱食经直接或间接地吸收，充实了烹饪理论的内容。所以中国烹饪选料历来注重药食兼用，将它们的根、茎、叶、花、果与皮、肉、骨、脂、脏巧妙搭配，以达到既可满足食欲、滋养身体，又能疗疾强体、养生延年的目的。

正是因为有这些特点，中国烹饪才享誉世界，被世界所公认，有"烹饪王国"的美称。

第二章

烹饪原料的鉴别和储存

第二章 烹饪原料的鉴别和储存

第一节 烹饪原料基础知识

烹饪原料是指可以用各种烹饪加工方法制作各种菜点的原材料。烹饪原料是制作一切菜点的物质基础,要求无毒、无害、有营养价值。广泛地利用各种原料,是为了吃得更充实、更营养;严格地选择原料,则同样是出于味的目的,即为了提高烹饪的质量,使美味达到最佳的水平。因此,用料的广泛和选料的严格,其目的是一致的。

在中国烹饪庞大的原料库中,不同的原料有着不同的滋味。掌握和开发这些原料的不同味质,是烹饪的重要任务。原料的"天生丽质"可以在烹饪中起到"事半功倍"的效果。清代袁枚在《随园食单》中曾说,"凡物各有先天,如人各有资禀。物性不良,虽易牙烹之,亦无味也";"大抵一席佳肴,司厨之功居其六,买办之功居其四"。原料对烹饪的重要,由此可见一斑。

原料是烹饪的物质基础。随着我国经济的发展,烹饪原料更加丰富多彩,国际的烹饪原料与我国传统的烹饪原料都大显神通,各显其能。烹饪原料从品种、规格、品质、数量等方面都有了很大的发展和提高。传统与创新烹饪原料,与烹饪技艺相结合,转化成新的美味佳肴,满足全世界人们的需求,为中国烹饪的发展注入了强劲的活力。如传统的烹饪原料鸡、鸭、鱼、猪、牛、羊等众多菜肴,是我国历代厨师辛勤劳动、苦心经营、因材施艺、合理用料、巧妙配搭、精心烹制、细心调理的结果,在人们心目中留下了根深蒂固的印象,形成了不同的烹饪流派和饮食文化。但从国外引进的许多新型烹饪原料,进入餐饮市场,拓展了食物结构,为现代中餐烹饪注入新的活力,提供了充足的物质保障。如人工孵化养殖的三文鱼、鸭嘴鱼、肥牛、鳄鱼、鸵鸟等,加以巧妙、合理、科学、经济、大胆地使用,创造出了不少新的风味菜肴,适应了广大群众在饮食文化上的节奏变化,满足了不同消费层次对美食的追求,也为中餐烹饪的全面发展、推陈出新打开了新局面。如植物类烹饪原料——苋菜、水芹、蕨菜、马齿苋、桔梗、鱼腥草、牛蒡子、香椿、豆苗、柳芽、槐花、紫苏叶、薄荷、莼菜等。人工科学栽培的如荷兰豆、意大利芥兰、新西兰菜花、法国香菜、美国的樱桃西红柿、玉米笋、夏威夷芹菜、日本三叶芹、樱桃红萝卜、紫色甘蓝、香菇、金针菇、竹荪、平蘑、口蘑、发菜、草菇等,都已成为公认的烹饪原料。

在调料方面,传统调料更加系列化、标准化,形成了多种调料、半成品调料的植物烹调油,如番茄酱、辣酱油、浙醋、生抽王、老抽王、蒜蓉辣酱、美味鲜酱油、海鲜酱、柱侯酱、沙茶酱、原椒酱、卤水、老酱油、米醋、香醋、蚝油、烧烤汁、葡汁、蒜蜜、咖喱酱、桂林腐乳、豉油鸡汁、豉油、豆辣酱、桂林辣椒酱、排骨酱、卤水汁、特级酱油、虾酱、海鲜酱、鱼露、京都汁、沙律酱、奇妙酱、法国汁、俄国汁、意大利汁、荷兰汁、烧烤汁、鸡粉、牛肉精等，在我国烹饪餐饮界中大量使用。

一、烹饪原料的定义

烹饪原料是指在烹饪加工制作中使用的具有一定食用价值的物质原材料，是烹饪原料中的一个重要组成部分。包括中西烹饪中所使用的原料。

烹饪质量的好坏，很大程度上取决于烹饪原料的质量。烹饪原料的品质，主要取决于烹饪原料食用价值的高低和加工性能的好坏。其食用价值主要取决于烹饪原料的安全性和营养性；其加工性能主要取决于烹饪加工制作过程的工艺。

我国烹饪原料品种繁多，古人在长期的实践中积累了丰富的经验。烹饪原料知识作为烹饪学科的一门分支，需要我们逐步深入地研究其自然属性和应用原理，使之成为更加完善、更加系统的学科知识。

二、烹饪原料的知识内容

烹饪原料知识是以烹饪加工制作过程中所使用的原料为研究对象，着重研究烹饪原料的化学成分、形态结构、产地与季节、品质鉴定、贮存保管、烹饪应用等内容。

1.烹饪原料的化学成分

掌握和研究烹饪原料的化学成分，有助于了解烹饪原料的营养特点和营养价值，了解烹饪原料在加工制作中发生的化学变化，以便在加工过程中对原料的化学成分加以保护。

2.烹饪原料的形态结构

了解和掌握原料的形态结构，有助于正确地识别和加工原料。根据原料的形态结构特点，分析原料的质地、口感、水分、重量等方面内容，能使原料在加工过程中得到合理使用。

3.烹饪原料的产地、季节

了解和掌握烹饪原料的产地（区域性），能充分发挥地方名特原料的优势，创造出地方名特产品；正确掌握原料的上市季节（季节性），有助于提高产品的质量和特色，保持产品的时令性。

4.烹饪原料的鉴定和贮存

了解和掌握烹饪原料品质鉴定的标准和方法，研究烹饪原料贮存保管的原理和方法，能更加准确地判断烹饪原料品质的优劣，从而正确地选择原料，延长原料的使用时间，减少原料的浪费，合理地使用原料。

5.烹饪原料在烹饪制作中的应用

了解和掌握烹饪原料加工过程的一般规律，就能根据原料的口感、口味、质地等性质特点，充分发挥烹饪原料在烹饪制作中的作用，更加合理地使用原料，突出原料和产品的特色，使产品达到最佳食用状态。

三、研究烹饪原料的意义

1.学习烹饪原料知识是学好烹饪加工工艺的基础

烹饪原料知识是烹饪工艺专业的基础课，掌握烹饪原料知识是烹饪加工工艺的开始，是物质基础，是加工工艺的依据，没有烹饪原料，就谈不上烹饪加工工艺。烹饪原料的好坏是决定烹饪产品质量好坏的重要因素。掌握和了解烹饪原料的性能和特点，有助于烹饪工艺水平的发挥；掌握更多、更新的原料知识，有助于烹饪产品的创新和提高。

2.学习烹饪原料知识是充分发挥烹饪原料食用价值的需要

烹饪原料富含人类所需的营养物质，同时还含有多种风味物质。烹饪原料的食用价值决定着烹饪产品的食用价值，掌握烹饪原料知识，能充分发挥和保持烹饪原料经过加工后的最大营养价值和食用价值，使其无论在营养成分上还是在产品风味上，都能达到最佳状态。

3.学习烹饪原料知识，有助于产品的创新，创造出更多的品种

时代不断前进，人类不断进步，科学不断发展，新原料、新工艺、新产品不断推出。学习烹饪原料知识，有助于不断认识新原料，利用原料的共性特点，不断创新，从而丰富产品的品种。只有不断地研究原料的性质特点，才能对原料运用自如，才能创作出新工艺，创造出更多的新设备，为烹饪制作工艺服务。

4.学习烹饪原料知识，有助于科学地认识和发展烹饪体系

学习和掌握烹饪知识，有助于我们将传统的实践经验和现代的科学知识结合起来，对烹饪原料进行科学的研究、总结，分析其发展和应用的内在规律，从而使烹饪专业更加科学化，使其理论和实践体系更加完善，形成一套科学的烹饪体系。

四、烹饪原料的分类

（一）烹饪原料分类的意义

我国地域广阔、四季气候分明、地理环境复杂、地域风俗多样，为各种动植物的生长和加工应用提供了良好的自然环境和人文环境。目前，能被人们所食用的原料近万种，而原料加工后的成品更是丰富多彩。就烹饪而言，由于加工方法、口味等变化，其原料也是千变万化。因此，要认真地、系统地、全面地、深入地研究烹饪原料，就要按照一定的标准要求，对烹饪原料进行科学的分类。科学、严谨地对原

料分类，能使我们更好地利用科学知识来认识原料的共性和个性，并加以归纳总结，促进对烹饪原料的科学研究。

通过对烹饪原料的分类，可全面反映烹饪原料的全貌，科学合理地认识原料，从而指导工作人员对烹饪原料进行科学地选择利用，合理加工、检验和贮存；能使我们系统地认识烹饪原料的有关知识和烹饪原料与加工工艺的联系及具体应用。科学地对原料分类，还有助于烹饪原料的开发和利用，促进烹饪技术的发展。因此，掌握烹饪原料的分类方法，对烹饪理论的研究和加工工艺水平的提高有着重要意义。

(二)烹饪原料的分类方法

烹饪原料的分类，就是按照一定的标准，对烹饪原料进行分门别类排列而成的等级顺序。由于不同行业的认识标准不同，对原料的分类也不同，从目前情况来看，烹饪原料由于分类的标准和依据不同，其分类方法也不同，不同的分类方法有不同的作用，也各自有各自的优缺点。

1. 按原料的来源属性分类

(1)植物性原料：包括粮食、蔬菜、果品等。

(2)动物性原料：包括畜、禽、鱼、虾、蟹、贝等。

(3)矿物性原料：包括食盐、碱、矾、糖精等。

(4)人工合成原料：包括色素、香料、添加剂等。

将原料按来源属性划分，能较好地反映各种原料的性质特点，突出原料的本身属性，有较强的科学性，简单明了、界限分明，但此种分类方法所含范围较广，还需对原料进行进一步分类。

2. 按原料在烹饪中的应用分类

(1)主料：指烹饪制作中所使用的主要原料。

(2)辅料：指烹饪制作中所使用的辅助原料。

(3)调料：指烹饪制作中所使用的调味品。

(4)辅佐料：指在烹饪制作中所使用的能帮助烹饪成熟、成形、着色等具有辅助作用的原料，如水、油、色素等。

按原料在烹饪中的应用分类，能反映原料在烹饪制作中的不同作用和地位，突出原料在烹饪中的实际应用，与烹饪专业结合紧密，但反映不出原料的基本属性和特点。

3. 按原料的加工与否分类

(1)鲜活原料：新鲜的鱼、肉、蔬菜等。

(2)加工性原料

①干货原料：如海参、玉兰片、干果等。

②复制品原料：如香肠、火腿、腊肉、果脯等。

是对新鲜原料进行加工后得到的成品或半成品，主要有干货原料和复制品原料。按原料的加工与否分类是一个粗线条的分类。

4. 按原料的商品学分类

(1) 粮食：包括大米、面粉、玉米、高粱等。

(2) 蔬菜：包括青菜、萝卜、番茄等。

(3) 果品：包括水果、干果、蜜饯、果脯等。

(4) 肉及肉制品：包括畜肉、禽肉、火腿等。

(5) 水产品：包括鱼、虾、蟹、贝等。干货制品：包括海参、虾米、干菜等。

(6) 调味品：包括食盐、糖、醋、味精、香料等。

(7) 辅佐原料：如色素、香精等。

按原料的商品种类划分，能突出原料的属性和性质特点。由于商品与人们的日常生活联系较为密切，便于识别，但科学性不够，自身特点不突出，有时还有交叉现象。

五、烹饪原料的化学成分

原料的种类繁多，但都是由基本化学成分所组成。其中，能够提供人体正常生理功能所必需的营养及能量的化学成分称为营养素，主要由无机物和有机物两大类组成。无机物包括水和各种矿物质等；有机物包括碳水化合物、蛋白质、脂肪和维生素等。除此以外，还有色素和挥发性的呈味物质和呈香物质，这些成分含量较少，但对烹饪的质量有很大的影响。

1. 碳水化合物

又称糖类，主要供给人体热能。碳水化合物的存在形式主要是淀粉和纤维素，主要类型有单糖、双糖和多糖。原料中碳水化合物的含量与原料的种类、品种、生长环境和生长成熟度有很大关系，粮食中淀粉的含量最高，蔬菜、水果中单糖和双糖的含量较多。

2. 蛋白质

原料中蛋白质的种类很多，动物性原料中的蛋白质一般要比植物性原料中的蛋白质含量高，质量也好。蛋白质的组成单位是氨基酸，其结构复杂，目前从蛋白质中分离出的氨基酸有 20 多种，是人体组织的重要组成成分，根据人体的需要可分为必需氨基酸和非必需氨基酸。必需氨基酸人体不能合成，必须从食物中摄取；非必需氨基酸在人体内可由其他物质转化得到，不一定依靠食物摄取。

3. 矿物质

又称无机盐，是人体不可缺少的物质，在植物性原料中存在较多。目前已经查明的人体内含有的矿物质有 50 余种,人体必需的矿物质有 14 种,即钙、磷、钾、钠、硫、镁、碘、锌、硒、铜、钼、铬、钴、铁,若人体缺乏这些矿物质,就会引起机体组织和生理上的异常,但如果摄入量过多,也会危及人体健康。

4.水分

原料中的水分与原料的种类有关,新鲜蔬菜、水果中含水量较高,谷类和豆类含水量较低。原料中的水分可分为自由水和束缚水,自由水易结冰,可作为溶质的溶剂,束缚水不易结冰,比较稳定。含水量高的原料不易贮存。

5.脂肪

是烹饪原料中重要的组成部分,也是烹饪中常用的原料之一,可以提供人体热能和必需脂肪酸,也是脂溶性维生素的主要载体。其构成有脂肪酸和甘油分子,脂肪酸的种类很多,可分为饱和脂肪酸和不饱和脂肪酸,饱和脂肪酸熔点高,消化率低;不饱和脂肪酸熔点低,消化率高。一般来讲,植物性脂肪含不饱和脂肪酸较动物性脂肪含不饱和脂肪酸要多。

6.维生素

是维持人体生长和正常新陈代谢所不可缺少的营养素。目前在烹饪原料中已发现的维生素有 30 余种,按其溶解性可分为脂溶性维生素和水溶性维生素。脂溶性维生素主要有维生素 A、维生素 D、维生素 F、维生素 K 等,只溶于脂类或脂溶剂,不溶于水。水溶性维生素主要有 B 族维生素和维生素 C 等,易溶于水,在人体内一般不能贮存,过多的水溶性维生素会随着排泄物排出体外。

第二节　烹饪原料的鉴别标准和方法

一、烹饪原料品质鉴定的意义

烹饪原料品质的好坏直接决定着烹饪成品的质量，而原料品质的好坏，需要对原料进行鉴定。所谓原料的品质鉴定，就是人们利用一定的鉴定手段和方法，通过对原料固有性质特征的变化来判断原料的质量。它是保证烹饪质量的前提，在具体实践中，做好对原料的品质鉴定工作，对实践有着十分重要的意义。

原料品质鉴定的过程，实际上就是对原料选用的过程，对原料的选用，就是我们实际生活中的选料。选料必须结合产品特色同原料特点而进行，因此，选料前，必须熟悉原料的各种性质特点及加工烹饪后的变化。要知道烹饪品种的质量特色，就要有目的地进行选料。在选料的过程中不经过品质鉴定，是无法达到选料的效果和目的的。

原料从采集到加工烹饪处理，有一个时间过程，这个过程受到时间、地域等因素限制。原料在贮存过程中，由于受到外部环境因素的变化，加之自身各种因素的作用，从而使原料出现不同程度的变化，这种变化直接影响了原料的使用价值及食用价值，严重的变化会使原料失去食用价值，起到一定的反作用。因此，对原料的品质鉴定，要确定原料变化的程度，鉴定其食用价值和使用价值的大小变化，这个过程是对原料性质进一步理解的过程，要对原料出现变化的各种因素有明确的认识，从而为原料的鉴定提供依据，为原料的贮存和保管提供有效的依据和方法。因此对原料的品质鉴定也是每一个烹饪工作者应该具备的基本知识。

二、烹饪原料品质鉴定的依据和标准

对原料品质的好坏鉴定方法很多。但无论使用何种方法进行鉴定，都有一定的标准和要求，这个标准和要求是人们根据原料自身的性质特点及环境因素而制定的，是以原料最佳的食用点为基准要求的，主要包括以下几个方面。

1. 原料的固有品质

原料的固有品质也称为原料的使用价值，主要包括原料的营养成分、口味、质地等因素。不同的原料有着不同的品质，有些原料有一定的共性，但不同原料其固有品质也不同，即使同一原料，由于种类关系、地域关系、季节关系等因素，其品质也不尽相同，有时差异还较大。但无论什么原料，其固有品质应以最佳食用点

为最好。

（1）营养品质不同的原料营养成分也不相同，原料的营养价值决定了原料的食用价值。原料因不同生长时期以及存放时间的长短不同，营养成分会发生变化，其营养价值也就不同。因此要结合其他因素，取其最佳营养价值期。

（2）口味和质地 口味和质地是原料固有品质的性质体现，人们食用食物，很大程度上追求于食物的口味和质地，良好的口味和口感是满足人们对美食的基本要求。但原料在不同时期会出现不同的口味和质地，有时还会出现使人反感的口味和质地，因此，要正确识别原料的最佳口味和质地时期。

（3）成熟度 产品的质量、原料的质量很大程度上取决于原料的成熟度。

2.原料的新鲜度

原料的新鲜度同样也决定烹饪的质量，它是原料品质的最基本要求。原料新鲜度的变化，一般都会通过原料的外观反映出来，通过原料外观的变化，能发现原料新鲜度变化的程度。外观的变化主要通过原料的形态、色泽、重量、质地、气味、水分等因素来判定。

（1）形态：不同原料有不同外部特征。原料在新鲜和不新鲜状态下，原料的形态都会有所变化，严重的会变形。一般来讲，新鲜度高，原料会保持原有形状，否则，就会变形、干瘪或膨胀，这需要我们有一定的实践经验。因此，通过原料形态的变化，我们可以判断原料的新鲜度变化程度。

（2）色泽：色泽也是原料的另一外观特征，包括色彩和光泽，每一种原料都有其自有的颜色和光泽，但由于自身因素及环境因素影响，原料的颜色和光泽会出现变化。一般来讲，原料的颜色和光泽变为灰、暗、黑、斑点等不应有的色泽时，原料的新鲜度降低。因此，我们可以通过色泽的变化来判定原料的新鲜程度。

（3）水分和重量：新鲜原料都有一定的体积和重量，其中原料的水分是决定原料质地和体积的主要因素。对于鲜活原料而言，由于在存放过程中，原料中的水分会随着环境温度的变化而蒸发，从而使原料体积减小、重量减轻。对于干货原料而言，由于原料吸收了空气中的水分会受潮，重量和体积会增加。因此，原料水分和重量的变化要视不同情况而定，无论原料的水分和重量增加还是减少，其原料的新鲜度都会受到影响。

（4）质地：原料的质地主要是指原料的质感，即原料的老、嫩、韧、脆、绵和糯等方面。原料质地的变化主要是原料在存放过程中自身因素变化的结果。一般来讲，原料由嫩变老，由脆变绵，由硬变软，就证明原料的新鲜程度出现了变化。

（5）气味：不同的新鲜原料，一般都有其特有的气味，它与口味不同。一旦原料出现异味，就说明原料新鲜度降低。

3.原料的卫生

原料的卫生标准主要是指原料在培育生长过程、存放过程或加工处理过程中，是否受到环境等外在因素影响，而使原料出现变化，如自身毒素、化工污染、农药污染、污秽物质、虫卵、病菌等，严重的则不能食用。

三、原料品质鉴定的方法

有了原料的品质鉴定标准，那么在实践应用中，我们就要参照这些标准来对原料进行鉴定。对原料要求不同，其鉴定的方法也不一样，具体来看，主要有理化鉴定、生物学鉴定、感官鉴定三种方法，前两者主要适应于食品检测等科研机构，鉴定细致、精确度高，而后者往往是人们利用实践中总结的经验来判断，简便快捷、精确度低。

1.理化鉴定

理化鉴定主要是指利用物理仪器、机械或化学药剂来对原料的各项指标进行鉴定，以确定原料品质变化的程度。这种鉴定方法过程较为复杂，必须有一定的场所和设备，检验人员需要有一定的专业知识和操作技能，鉴定的精确度较高，有助于对原料进行科学的检验，具有一定的权威性。

2.生物学鉴定

生物学鉴定主要是指利用动植物或微生物生长的实验手段，来测定原料变化程度的一种方法。如食物通过原料对小动物饲养生长情况的影响，微生物生长培育情况等方面来判断原料的品质好坏，有无毒性，有无污染等，与理化鉴定一样，需要有一定的场所和设备，检验人员需要有一定的专业技术和知识，鉴定的精确度较高，但所需时间较长，过程复杂。

3.感官鉴定

感官鉴定是指人们利用人体的耳、眼、鼻、舌和手等感觉器官来对原料品质鉴定的一种方法，是人们通过感觉来对原料外部特征的一种反应。通过感觉器官来对原料进行感知分析、比较、判断。方法简单、实用、方便，但要有一定的实践经验。具体方法有：

（1）视觉检验

就是通过人们的眼睛——视觉器官来对原料的外形、颜色、光泽等外部特征进行判断的一种方法。视觉检验一目了然、范围广，凡是能用眼睛判断的，一眼便可辨别。如红色的猪肉、新鲜鱼的眼睛等。

（2）嗅觉检验

是通过人们的鼻子——嗅觉器官来对原料气味的变化进行判断的一种方法。不同原料有不同气味，一旦气味出现了异味，说明品质有变化。如新鲜蔬菜的清香味，水果的香气等。

（3）味觉检验

是通过人们舌头上的味蕾——味觉细胞对原料的口味变化来判断的一种方法。味觉就是原料的口味刺激人们舌头时的反应。原料的口味发生变化，说明原料品质出现了变化。如馒头出现了酸味等。

（4）听觉检验

是通过人们的耳朵——听觉器官对原料结构的变化来判断的一种方法。有些原料通过外表看不出变化，但通过对其摇晃或拍打能听出其内部的变化。如鸡蛋、核桃、西瓜等。

（5）触觉检验

是通过人们的手——触觉器官来对原料组织结构的弹性、硬度、粗细、质感等变化判断的一种方法。原料这些变化通过手的触摸，形成人大脑对这一原料的反应，从而判断其变化程度。如鱼的弹性、蔬菜的脆性等。

以上五种方法，适应范围广，但并不单独采用。有些原料用眼睛就能很准确地判断，无须再用其他方法；而有些原料，则需要几种方法共用，才能收到良好的效果。

四、具体原料品质鉴定

(一)蔬菜类

对新鲜蔬菜品质鉴定的主要方法是依靠感官鉴定，主要从原料固有的品质、原料的纯度和成熟度、原料的新鲜度、原料的清洁卫生进行鉴定的。

1. 根菜类蔬菜

根菜类蔬菜的品质鉴别：以大小均匀整齐、肉厚质细、脆嫩多汁、无损伤及病虫害、无黑心、无发芽、无泥土者为佳。

2. 苗芽类蔬菜

苗芽类蔬菜的品质鉴别：以大小均匀整齐、色泽新鲜清洁、脆嫩多汁、肥壮、无腐烂者为佳。

3. 茎菜类蔬菜

茎菜类蔬菜的品质鉴别：以大小均匀整齐、皮薄而光滑、皮面无锈斑、质嫩、肉质细密、无烂根、无泥土者为佳。

4. 叶菜类蔬菜

叶菜类蔬菜的品质鉴别：以鲜嫩清洁，叶片形状端正肥厚（或叶球坚实），无烂叶、黄叶、老梗，大小均匀，无损伤及病虫害，无烂根及无泥土者为佳。

5.花菜类蔬菜

花菜类蔬菜的品质鉴别:以花球及茎色泽新鲜清洁、坚实、肉厚、质细嫩、无损伤及病虫害、无腐烂、无泥土者为佳。

6.果菜类蔬菜

果菜类蔬菜的品质鉴别:以大小均匀整齐、果菜周正、成熟度适宜、皮薄肉厚、质细脆嫩多汁、无损伤及病虫害、无腐烂者为佳。

7.菌藻、地衣类蔬菜

菌藻、地衣类蔬菜的品质鉴别:个体完整、大小均匀、色泽鲜亮清新、肉质厚实、无异味、无污物、无泥土者为佳。

8.野菜类蔬菜

野菜类蔬菜的品质鉴别:以鲜嫩整齐、大小均匀、色泽鲜亮、肥壮、无烂叶、黄叶、老根、无损伤及病虫害,无烂根及泥土者为佳。

(二)果品类

1.鲜果的品质鉴别

(1)果形

鲜果形状是其品质的重要特征。每种果品都有其典型的形状,凡是具有各类果品典型形状的,说明其生长正常,质量就较好。果形还包括大小形态,同类品种的新鲜果品个大的,其发育充分,营养成分偏高,可食部分也多,质量优良。

(2)色泽和花纹

鲜果的色泽由不同的色素所形成。它能反映果实的成熟和新鲜度。新鲜果品具有鲜艳的色泽,当色泽改变时,新鲜度就降低,果质也随之下降。凡表皮有花纹的果品,应以花纹清晰者为佳。

(3)成熟度

成熟度对于鲜果的风味质量和耐储性有很大影响。未成熟的果品一般质地坚硬、涩味重、淀粉多,各种营养也不完全;过度成熟的果品,容易破裂,影响储存和菜肴制作的应用;而成熟度恰好的果品,不仅风味较佳,而且也耐储存,食用价值也很高。

(4)损伤与病虫害

优质的水果应具有完整无损的果皮,不应有碰伤、压伤、划伤等现象存在,不应有虫蛀、黑心、褐斑、霉斑等生理病害或病虫害现象发生。

总之,优质的水果应具有果形典型、色泽鲜艳、果大无伤痕和无病虫蛀的特点。

2.果干和果仁

果干和果仁水分含量低,在鉴别时主要从果品是否发霉,是否被虫蛀,是否有出油现象等几方面着手,然后根据各种果品自身的品质特点进行鉴别。

3.糖制果品

糖制果品经糖熬煮特殊处理,水分含量低,在鉴别时主要从果品是否干缩,是否有潮解现象,是否霉变等几方面着手,然后根据各种果品自身的品质特点进行鉴别。

(三)干货类

干货类烹饪原料包括的品种较多,品质各异,特征不同,干制的方法不同,以及在贮藏、保管、运输过程中受外界条件的影响,干货类烹饪原料的品质也会发生变化。对其品种的检验应根据其共同特点和必备的基本要求进行品质鉴定,主要以感官检验为主:

1.看:就是对干货原料进行观察,看杂质含量,形状是否整齐、均匀、完整,色泽是否为干货规定色泽,是否有虫蛀和霉烂。

2.嗅:就是对干货原料进行气味鉴别,以气味来确定干货是否具有本身固有的清香味,确定干货的新陈,以及干货是否发生变质和霉变。

3.敲、摸:就是对干货进行敲打和触摸,以此来确定干货的含水量,干货原料的含水量越少越好。

(四)水产品

各类品种的水产品类原料不仅营养丰富,且味道鲜美,越来越受到大众的青睐,极大地丰富了人们的日常餐桌。水产品的品质不同,其营养价值也不一样,近年来随着水产品市场的繁荣,假冒伪劣的水产品也不断增多,各种非法加工处理手段更是花样百出。比如,近年来出现在各地市场上的用甲醛浸泡的水发海鲜,外观看上去鲜亮饱满,十分诱人,然而一旦购买进食,将会对人体健康造成极大的危害。以下介绍一些水产品质量的鉴别方法。

1.鱼类水产品的品质鉴别

(1)鲜鱼的品质鉴别

在进行鱼的感官鉴定时,首先观察其眼睛和鳃,然后检查其全身和鳞片,同时用一块清洁的吸水纸浸吸鳞片上的黏液观察,鉴别黏液的质量。必要时用竹签刺入鱼肉内,拔出后立即嗅其气味,或切成小块,煮沸后鉴定鱼汤的气味和味道。

①新鲜的鱼用手握头,鱼体不下弯,口紧闭,鱼体具有鲜鱼固有的鲜明的本色和光泽,体表黏液清洁、透明;鱼鳞发光,紧贴鱼体,鳞层明显、完整而无脱落;眼睛澄清、明亮、饱满,眼球黑白界限分明;鳃盖紧闭,鱼鳃清洁,鳃丝鲜红清晰,无黏液和污垢臭味,肌肉坚实而有弹性,用手指压凹陷处能立即复原。鲜鱼还有一种特有的鲜腥味。煮沸后的汤汁清浓白,口味鲜美。

②陈腐的鱼体色暗淡无光,液黏,鳞片松,易脱落,不完整,鳞层不明显;鳃盖

松弛，鱼鳃黏液增多，颜色呈现灰色或灰紫色，有显著腥臭味；眼球凹陷，上面覆有一层灰色物质，甚至瞎眼；肌肉松软，无弹性，肚腹膨胀，刺肉分离，并有明显的腐臭味。煮沸后的汤汁浑浊，有一定的臭味。

(2)冻鱼的品质鉴别

冷冻鱼的品质优劣，不如新鲜鱼容易识别，因此，只能看它的眼球、体表色泽和硬度，或将鱼切开检查内部。

①优质品眼球凸起，黑白分明，洁净无污物；体表清洁无污物，色泽鲜亮，肛门紧缩；鱼体冻得坚实，硬物敲击能发出清晰响声；切开鱼体无离刺现象，内脏完整不破裂。

②质劣品鱼眼下陷周围起白蒙，体表有污物，皮色灰暗无光泽，肛门突起；鱼体温度高而松软；用刀切开鱼身，有离刺现象，脊骨处有红线，胆囊不完整，有破裂。

(3)被污染鱼的鉴别

含有各种化学毒物的工业废水大量排入江河湖海，使生活在这些水域里的鱼类发生中毒，多种化学毒物长期蓄积在鱼鳃、肌肉和脂肪里，致使鱼体带毒，甚至致畸、致癌。购买时要特别注意鉴别。

①看形体 污染严重的鱼，形态不整齐，头大尾小，椎弯曲甚至畸形，皮部发黄，尾部发青。带毒的鱼眼睛浑浊，无光泽，有的甚至向外鼓出。

②看鱼鳃 鳃是鱼的呼吸器官，大量的毒物就可能蓄积在这里。有毒的鱼鳃不光滑，较粗糙，呈暗红色。

③闻气味 正常的鱼有明显的腥味，污染了的鱼则气味异常。根据各种毒物的不同，分别呈大蒜气味、氨味、煤油味、火药味等不正常的气味，含酚量高的鱼鳃还可能被点燃。

2.虾类水产品的品质鉴别

市售的鲜虾以鲜活者为佳，已死的生虾在选购时需认真加以鉴别。

(1)新鲜的虾体形完整，外壳透明光亮，体表呈青白色或青绿色，头节与躯体紧连，肉体硬实而有韧性，须足无损，蟠足卷体，体表无污秽物黏着，无异常气味。

(2)陈腐的虾外壳暗淡无光泽或变红，体质柔软，肉质松软、黏腐，外表被覆黏腻物质，有腥臭味或胺臭味，头节与躯体易脱落，甲壳与虾体易分离，往往是不新鲜或变质的，不宜选购。

3.蟹类水产品的品质鉴别

(1)河蟹的品质鉴别

河蟹一定要选择个体是活的，如果河蟹已经死亡则不能食用，因为死河蟹中含有大量的细菌和河蟹死后产生的大量组胺，食用后会产生食物中毒。

①优质品背甲呈墨绿色，腹部白色或灰白色，双螯强健，八足齐全，金爪黄毛；反应敏捷，活泼有力，行动迅速。爬动时，以腹部悬空者为最佳；肉质坚实，肌肉含水量少，甲壳坚硬，用手指紧捏蟹脚，蟹脚坚硬。放在手掌上掂量能感觉到厚实沉重。

②劣质品背甲青黑色或灰黄色，腹部黑褐色或黄锈色，螯、足残缺不全，黑爪黑毛；反应迟钝，活动能力弱，爬行时腹部贴地。用手抓起背甲，如发现八足下悬（俗称"撑脚蟹"），则表示该蟹即将死亡，肉质较空，肌肉含水量多，甲壳较软，用手指紧捏蟹脚，蟹脚较软。掂量时给人以空虚轻飘的感觉。

(2) 海蟹的品质鉴别

海蟹因在捕捞后不能立即上岸出售，一般都以冷藏的方法保藏其新鲜度，现在随着科学技术的发展，也能将海蟹活养出售，活海蟹品质鉴别可以参考河蟹的鉴别方法。

①新鲜海蟹体表色泽鲜艳，背壳纹理清晰而有光泽；腹部甲壳和中央沟部位的色泽洁白且有光泽，脐上部无胃印；鳃丝清晰，白色或稍带微褐色；肢体连接紧密，提起蟹体时，不松弛也不下垂。

②次鲜海蟹体表色泽微暗，光泽度差，腹脐部可出现轻微的"印迹"，腹面中央沟色泽变暗；鳃丝尚清晰，色变暗，无异味；肢体连接程度较差，提起蟹体时，蟹足轻度下垂或挠动。

③腐败海蟹体表及腹部甲壳色暗，无光泽，腹部中沟出现灰褐色斑纹或斑块，或能见到黄色颗粒状滚动物质；鳃丝污秽模糊，呈暗褐色或暗灰色；肢体连接程度很差，在提起蟹体时蟹足与蟹背呈垂直状态，足残缺不全。

(4) 贝类水产品的品质鉴别

贝类的原料种类很多，每一种贝类原料都有其特性，品质鉴别的标准也不一样，下面就通常用于鉴别贝类品质的方法作介绍。

①优质品　挑选贝类时一定要检查是否新鲜，贝口紧合者一般为活品。迅速遮挡住待挑选贝类和其主要光源，健康的贝类应迅速地闭合。腹足肉完整，在闭合时没有外露。贝类体大，肉肥。

②劣质品　迅速遮挡住待挑选贝类和其主要光源，反应不灵敏的，腹足肉不完整，在闭合时外露过多。贝类体小，肉瘦。最好不要挑选。

(5) 软体类水产品的品质鉴别

软体类动物品质鉴别方法大体相同，下面以鱿鱼为例进行品质鉴别。

①优质品　干鱿鱼体肉厚而坚实，身肉干燥、微透红色，无霉点。嫩鱿鱼色泽淡黄，透明、体薄，老鱿鱼色泽紫红，体形大。以色光白亮、体质平薄，只形均匀、肉质透微红，身肉干燥和具有本品种应有的腥香者为佳。新鲜鱿鱼的膜紧实、有弹

性。还可扯一下鱿鱼头,新鲜鱿鱼的头与身体连接紧密,不易扯断。

②劣质品 干鱿鱼身肉潮湿,有霉点,体表不完整,色泽灰暗,有一定的腥臭味,不新鲜鱿鱼的外膜起泡、肉质弹性不足,鱿鱼头与身体脱节。

(6)两栖爬行类水产品的品质鉴别

在烹饪行业中,两栖类爬行类水产品主要是龟和甲鱼。以甲鱼为例进行鉴别。

①优质品 外形完整,无伤无病,肌肉肥厚,腹甲有光泽,背胛肋骨模糊,裙厚而上翘,四腿粗而有劲;用手抓住甲鱼的后腿腋窝处,活动迅速、四脚乱蹬、凶猛有力;用一硬竹筷刺激甲鱼头部,让它咬住,再一手拉筷子,以拉长它的颈部,另一手在颈部细摸,颈部无钩、针;把甲鱼仰翻过来平放在地,能很快翻转过来,且逃跑迅速、行动灵活。

②次质品 外形不完整,有伤有病,肌肉不厚实,腹甲光泽差,背胛肋骨清晰,裙边薄,四腿无劲;用手抓住甲鱼的后腿腋窝处,活动不灵活、四脚微动甚至不动;检查甲鱼颈部有钩或针,不能久养和长途运输;把甲鱼仰翻过来平放在地翻转缓慢、行动迟钝。

(五)禽及其副产品原料的品质鉴别

1.鲜活禽类的品质检验

鲜活禽类的品质检验主要是检验其健康状况和老嫩程度。

(1)健康状态

活禽类的健康状态通常采用感官检验法来观察。一般健康禽的主要特征是:羽毛丰润、清洁、紧密,有光泽,脚步矫健,两眼有神;握住禽的两翅根部,挣扎有力,用手触摸嗉囊无积食、气体或积水;头部的冠、头部无毛部分无苍白、发紫或发黑现象;眼睛、口腔、鼻孔无异常分泌物;肛门周围无绿白稀薄粪便黏液。反之则为不健康禽。

(2)老嫩程度

禽类的品种很多,其成年期各不相同,在不同的生长期中,其肉质的老嫩程度有较大的差别。下面介绍几种禽类的老嫩选择鉴别:

①鸡的老嫩鉴别。

根据鸡的生长期及老嫩程度的不同,一般可分为以下几种:

仔鸡:也称嫩鸡,指尚未到成年期的鸡。其羽毛未丰,体重一般在0.5～0.75kg,胸骨软,肉嫩,脂肪少,嘴软,爪上鳞片细嫩,适宜炒、爆、炸。

当年鸡:也称新鸡,已到成年期,但生长时间为一年左右,其羽毛紧密,胸骨较软,嘴尖发软,后爪趾平稍长,体重一般已达到各品种的最大重量,肥度适当,肉质嫩,适宜炒、爆或烧、炸、煮或供出肉加工等。

老鸡:指生长期在两年以上的鸡,此时羽毛一般较疏,皮发红,胸骨硬,爪、皮粗糙，鳞片状明显，趾较长石硬且呈钩形，羽毛管硬，肉质老，但含氮浸出物多，适宜制汤或炖焖。

②鸭的老嫩鉴别。

新鸭翼簪已通，脚有枕，喉管软而翼簪有天蓝色的光泽；老鸭体较重，嘴上花斑多，喉管坚挺，胸部底骨发硬，羽毛色泽暗污。

③鸽的老嫩鉴别。

鉴别鸽子按年龄有乳鸽、中鸽、老鸽之分。乳鸽眼润白色，一般有小黄羽，身上羽毛尚未长全，肉质鲜嫩；中鸽有黄色眼圈，羽毛已长全，肉质次之；老鸽眼圈红色，肉质较老。

2.光禽的品质检验

光禽是指宰杀后，拔净羽毛的整禽，因内脏取出的多少而有全净膛、半净膛、不净膛之别。全净膛即将禽宰杀后保留心肝、肾，其余脏器自切口取出；半净膛即禽宰杀治净后从肛门拉出全部下肠管，其他脏器保留在体腔内；不净膛即禽宰杀治净后，脏器仍全部保留在体腔内。

光禽的新鲜度一般可分为新鲜、次鲜和变质三个等级，主要通过感官检验的方法对其嘴部、眼部、皮肤、脂肪、肌肉制成的肉汤等方面来进行检验。

(1)新鲜禽的嘴部有光泽，干燥，有弹性，无异味。次鲜禽的嘴部无光泽，部分失去弹性，稍有异味。变质禽的嘴部暗淡，角质部软化，口角有黏液，有腐败气味。

(2)新鲜禽的眼球饱满，眼球充满整个眼窝，角膜有光泽。次鲜禽的眼球皱缩凹陷，晶体稍浑浊。变质的禽，眼球干缩下陷，有黏液，角膜暗淡，晶体浑浊。

(3)新鲜禽皮肤有光泽，因品种不同，可呈淡、淡红和灰白色等颜色，具有该禽特有的气味。次鲜禽皮肤色泽转暗，表面发潮。变质禽，皮肤无光泽，呈灰黄色，有的地方带淡绿色，表面湿润有霉味或腐败味。

(4)新鲜禽脂肪色白，稍带淡黄色，有光泽，无异味；次鲜禽脂肪色泽变化不太明显，但稍带有异味。变质禽脂肪呈淡灰色或淡绿色，有酸臭味。

(5)新鲜禽的肌肉结实而有弹性，具有正常的色泽，鸡的腿肉为玫瑰色，有光泽，胸肌为白色；鸭、鹅的肌肉为红色。稍湿不黏，有特殊的香味。次鲜禽肌肉弹性变小，用手指压后凹陷恢复较慢，且恢复不完全，有轻度不愉快味。变质禽，指压后凹陷不能恢复，留有明显痕迹，肌肉为暗红色、暗绿色或灰色，有腐败味。

(6)新鲜禽的肉汤透明、芳香，表面有大的脂肪油滴。次鲜禽肉汤不太透明，脂肪油滴小，香味差或无鲜味。变质禽肉汤浑浊，有白色或黄色絮状物，有腥臭气味，几乎无脂肪油滴。

3.禽蛋及其制品的品质检验

(1)带壳禽蛋检验的方法

①外观　鲜蛋的蛋壳粗涩,没有光泽,无裂纹,蛋壳表面有一层白色或粉红色霜状石灰质粉粒。若鲜度下降,表面变得光滑、有光泽。若有内容物浸出,大多数为腐败蛋。

②振荡　鲜蛋的内容物没有移动性,即使摇动也没有声音,但陈蛋,由于水分的蒸发,内容物收缩,因此摇动就有声音。

③透视　鲜蛋壳具有对光线的半通透性,如果使蛋向着光从对侧看时,可以看清一部分内容物的状态,如气室的大小、蛋黄的位置、蛋壳上小的裂纹、血液等异物、蛋壳内面的霉斑点和有无胚胎发育等。透视法是鉴定蛋内部质量较好的方法。一般新鲜蛋的蛋黄显圆形且居中,转动慢,气室小,蛋白浓厚;陈蛋的蛋黄扁大,或者散开,转动快,气室变大,蛋白变稀;腐败蛋的内容物呈暗黑色、暗浊色。

(2)蛋制品的品质检验

①松花蛋　皮蛋的质量鉴别主要从以下几个方面进行:蛋壳完整,两蛋轻敲有清脆声,并能感到内部弹动。剥去蛋壳,蛋青凝固完整,光滑洁净,不粘壳,无异味,呈棕褐或绿褐,有松枝花纹;蛋黄味道清香浓郁;稍具或无辛辣味、无臭味。

②咸蛋　以壳青白者,无空头,蛋白为纯白色、无斑点、质嫩,蛋黄为红黄色,油多,全蛋滋味咸淡适中,无异味者为佳。品质优良的咸鸭蛋具有"鲜、细、松、沙、油"六大特点,煮(蒸)熟后切开断面,黄白分明,蛋白质地细嫩,蛋黄细沙,呈朱红(或橙黄)色起油,周围有露水状油珠(俗称掌心化油),中间无硬心。

(六)畜肉原料的品质鉴别

家畜肉的品质好坏,主要以新鲜度来确定。其新鲜度一般分为新鲜肉、不新鲜肉、腐败肉三种,常用感官检验方法来鉴定。家畜肉的感官检验主要是以色泽、黏度、弹性、气味、骨髓状况、煮沸后肉汤等几方面来确定肉的新鲜程度。

①新鲜肉

色泽:肌肉有光泽,色淡红均匀,脂肪洁白(新鲜牛肉脂肪呈淡黄色或黄色)。

粘度:外表微干或有风干膜,微湿润,不粘手,肉液汁透明。

弹性:刀切面肉质紧密,富有弹性,指压后的凹陷能立即恢复。

气味:具有每种家畜正常的特有气味,刚宰杀后不久的内脏气味,冷却后变为稍带腥味。

骨髓状况:骨腔内充满骨髓,呈长条状,稍有弹性,较硬,色黄,在骨头折断处可见骨髓的光泽。

②不新鲜肉

色泽:肌肉色较暗,脂肪呈灰色,无光泽。

黏度：外表有一层风干的暗灰色膜或表面潮湿，并有黏液。

弹性：刀切面肉比新鲜肉柔软，弹性小，指压后的凹陷恢复慢，且不能完全恢复。

气味：有酸的气味或氨味、腐臭味，在肉的表层稍有腐败味。

骨髓状况：骨髓与骨腔间稍有空隙，较软，颜色较暗，呈灰色或白色，在骨折处无光泽。

③腐败肉

色泽：肌肉呈黑或淡绿色，脂肪表面有污秽和霉菌或出现淡绿色，无光泽。

黏度：表面较干燥并变黑或很湿黏，切面呈暗灰色，新切断面很黏。

弹性：肉质松软而无弹性，指压后的凹陷不能恢复，严重时手指能将肉戳穿。

气味：有刺鼻的腐败臭气，在深的肉层也有臭气。

骨髓状况：骨髓与骨腔有较大的空隙，骨髓变形较烂，有的被细菌破坏，有黏液且色暗，并有腥臭味。

(七) 食用油脂的品质鉴别

(1) 气味：每种动植物油脂都具有特有的气味。

(2) 滋味：除小磨麻油外，品质正常的食用油脂多无任何滋味。

(3) 色泽：各种食用油脂都带有深浅不同的颜色，这是在加工过程中，其色泽的深浅常与加工方法、油料质量、精炼程度等有密切关系。

(4) 透明度：透明度可以说明食用油脂中杂质的种类、数量和性质。品质正常的油脂在液态时应当完全透明。

(5) 沉淀物：油脂沉淀物的多少与精炼程度及加工方法有关。

(八) 调味品原料品质鉴别

调味品的感官鉴别指标主要包括色泽、气味、滋味和外观形态等。其中气味和滋味在鉴别时具有尤其重要的意义，只要某种调味品在品质上稍有变化，就可以通过其气味和滋味微妙地表现出来，故在实施感官鉴别时，应该特别注意这两项指标的应用。对于液态调味料还应目测其色泽是否正常，更要注意酱、酱油、食醋等表面是否有白醭或已经生蛆；对于固态调味品还应目测其外形或晶粒是否完整；所有调味品均应在感官指标上掌握到不霉、不臭、不酸败、不板结、无异物、无杂质、无寄生虫的程度。

1. 食盐的品质鉴别

食盐的品质鉴别主要从食盐的颜色、外形、气味、滋味等方面进行。

①优质品：颜色洁白，结晶整齐一致，坚硬光滑，呈透明或半透明。不结块，无反卤吸潮现象，无杂质，无气味，具有纯正的咸味。

②次质品:灰白色或淡黄色,晶粒大小不匀,光泽暗淡,无气味或夹杂轻微异味。

③劣质品:暗灰色或黄褐色,有结块及反卤吸潮现象,有外来杂质,有异臭或其他外来异味,有苦味、涩味或其他气味。

2.酱油的品质鉴别:

酱油的品质鉴别主要从色泽、体态、气味、滋味等方面进行。

①优质品:呈棕褐色或红褐色(白色酱油除外),色泽鲜艳,有光泽,澄清,无霉花浮膜,可见的悬浮物,无沉淀,浓度适中,具有酱香或酯香的芳香味,无不良气味,味道鲜美适口而醇厚,柔和味长,咸甜适度,无异味。

②次质品:色泽黑暗而无光泽,体态微混浊或有少量沉淀,酱香味和酯香味平淡,滋味鲜美味淡,无酱香,醇味薄,略有苦、涩等异味和霉味。

③劣质品:色泽发乌、浑浊,灰暗而无光泽,体态混浊,有较多的沉淀和霉花浮膜,有蛆虫,无酱油的芳香,有焦糊、酸败、霉变和其他令人厌恶的气味,滋味有异味和霉味。

瓶装酱油的品质鉴别

① 摇晃瓶子,看酱油沿瓶壁流下的速度快慢,优质酱油浓度很高,黏性较大,流动慢,劣质酱油浓度低,像水一样流动较快。

② 看瓶底有无沉淀物或杂物,如没有则为优质酱油。

③ 看瓶中酱油的颜色,优质酱油呈红褐色或棕褐色,有光泽而不发乌。

④ 打开瓶盖,未触及瓶口,优质酱油就可闻到一股浓厚的香味和酯香味,劣质酱油香气少或有异味。

⑤ 滴几滴酱油于口中品尝,优质酱油味道鲜美,咸甜适口,味醇厚,柔和味长。

3.食醋的品质鉴别

食醋的品质鉴别主要从色泽、体态、气味、滋味等方面进行。

①优质品:琥珀色、棕红色或白色,液态澄清,无悬浮物和沉淀物,具有食醋固有的气味和醋酸气味,无其他异味,酸味柔和,稍有甜口,无其他不良气味。

②次质品:色泽正常,稍有混浊和沉淀物,香味正常或少有平淡,微有异味,滋味不纯正或酸味欠柔和。

③劣质品:色泽不正常,发乌无光泽,液态混浊,有大量沉淀及片状白膜悬浮,气味失去了固有的香气,具有酸臭味、霉味或其他不良气味,滋味刺激,有涩味、霉味或其他不良气味。

4.酱状原料的品质鉴别

酱类是以黄豆及面粉为原料经发酵酿造而成的红褐色稠糊状含盐调味。常见的有豆瓣酱、干黄酱、稀黄酱、甜面酱、豆瓣辣酱等。酱类的主要区别在于:用黄豆为主要原料发酵酿造而成的叫豆瓣酱;经磨碎的叫干黄酱;加水磨碎的叫稀黄酱;豆瓣酱加入辣椒水的叫豆瓣辣酱;以面粉为主要原料发酵酿造而成的叫甜面酱。酱状原料的品质鉴别主要从色泽、体态、气味、滋味等方面进行。

5.味精的品质鉴别

味精的品质鉴别主要从色泽、外形、气味、滋味等方面进行。优质品色泽洁白光亮,外形含谷氨酸钠90%以上的味精呈柱状晶粒,含谷氨酸钠80%~90%的味精呈粉末状,无杂质及霉迹,晶粒大小均匀,无任何气味,滋味极鲜,具有鲜咸肉的美味,略有咸味(含氧化钠的),无其他异味。

6.辛辣原料的品质鉴别

辛辣原料是采用植物果实和种子粉碎而配制成的天然植物香料,如五香粉、胡椒粉、花椒粉、咖喱粉、芥末粉等。辛辣原料的主要原料有八角、花椒、胡椒、桂皮、小茴香、大茴香、辣椒、孜然等。优质品色、香、味具有该种香料植物所特有的色、香、味;次质品色泽稍深或变浅,香气和特异滋味不浓;劣制品具有不纯正的气味和味道,有发霉味或其他异味。组织状态呈干燥的粉末状有轻微的潮解,结块现象潮解、结块、发霉、生虫或有杂质。

第三节　烹饪原料的储存

原料的贮存主要是用于供应制作烹饪时随时取用，因此，原料贮存的好坏直接影响烹饪成品的质量，这是保证烹饪产品成品的重要环节。随着科学的发展，社会的进步，原料的贮存技术也越来越高，保鲜技术也越来越多。由于原料品种繁多，性质各异，因此贮存的要求也不尽相同。作为一个烹饪工作者，需要了解和掌握原料贮存的相关知识。

一、引起原料质量变化的因素

要想贮存好原料，首先要了解原料在存放过程中质量为什么会发生变化。原料质量变化的因素很多，主要有两方面：一是自身因素的影响（内因）；二是环境因素的影响（外因）。外因是变化的条件，内因是变化的根本。

1.自身因素的变化

一般来讲，大多数原料都会拥有多种组织酶及营养成分等不稳定因素，这些都是原料自身因素变化的主要原因。在一定的环境条件下，这些因素会发生变化，从而降低原料的质量。如动物性原料的自溶过程、植物性的呼吸现象、牛奶的凝固现象、脂肪的氧化分解现象等。另外，原料自身水分的多少，pH 大小等因素，也会影响原料变化的速度。

2.环境因素的变化

原料在贮存过程中，由于存放的环境不同，其所受的影响也不一样。因此，外部环境很重要。

（1）物理方面

①温度：环境温度对原料自身因素影响较大，合适的温度有助于原料酶的活性，有助于细菌生长繁殖，从而引起原料的质量变化。但过低的温度，会使某些原料特别是植物性原料的组织结构遭到破坏，并且会使原料口味、口感性质发生变化。而过高的温度，又会使原料中的水分蒸发，促进原料自身生化作用的加速。

②湿度：合理的湿度能延长原料的贮存时间。湿度过大，会使干货原料吸湿受潮、结块、变色，从而霉变，给细菌等微生物提供生长繁殖条件。湿度过低，会使新鲜原料的水分蒸发，从而影响到原料质量。

③日光：日光的照射会加速原料的变化，长时间的日光照射还会使温度升高，如脂肪的酸败、蔬菜的发芽等。同时，日光照射还会影响到营养成分的变化、色泽

的变化及口味、质地的变化。

④空气:大部分原料是置于空气中贮存。有些原料在与空气的接触过程中会产生氧化分解。另外,有些原料还会吸收空气中的异味,从而受到污染。

(2)化学方面

主要是指原料在贮存过程中,一些化学物质对原料的污染。如一些金属容器会促进酶的作用,一些塑料制品在高温下会产生有毒成分,一些挥发性化学物品的交叉污染等,从而影响到人体的生长健康。因此,在贮存过程中,要注意使用一些化学试剂以及盛装容器等,以防止污染。

(3)生物学方面

①微生物影响:微生物主要指霉菌,某些细菌和酵母菌,这些微生物对原料的影响很大。这些微生物在合适的温度、湿度、pH等条件下,活性很强,生长繁殖迅速,能迅速加快原料的腐败变质。

②虫类的影响:鼠、蝇、虫、蚊等因素对原料的侵害性也比较大。原料在贮存过程中极易受到虫类的侵害。原料受到虫类的侵害,其外观、形态、重量、质量都会发生变化,有些还会传播疾病,如老鼠、苍蝇等。

二、烹饪原料的贮存方法

烹饪原料的贮存方法是指根据烹饪原料品质变化的规律,而采取相应的方法来延缓原料的品质变化,使其保持一种最佳的食用状态。

原料的贮存方法很多,但不论是采用传统的方法还是利用现代科学技术手段来保鲜,其基本原理都是一样的,都是通过一定的方法和手段来控制原料贮存时的温度、湿度、pH、渗透压等各种外部环境和自身所含成分的变化,以此来控制或杀死微生物、抑制或破坏原料自身酶的活性,从而防止原料的腐烂变质,达到贮存的目的。具体的贮存方法有以下几种。

1.低温贮存法

低温贮存法是指原料在低温下(一般在15℃以下)贮存的一种方法。此法应用普遍,方便安全,多数新鲜动、植物原料的贮存均采用此法。

环境的温度对原料的影响很大。一般来说,在一定的温度范围内温度越高,原料变化越快;温度越低,原料劣变的过程越慢。这是由于原料在低温下,能抑制微生物的生长繁殖,控制原料中酶的活性,减弱了鲜活原料的新陈代谢强度,防止微生物的污染,从而延缓了原料的贮存时间,保持了原料的新鲜程度。同时,低温状态下,还延缓了原料中所含的各种化学成分的变化,保证了原料的色、香、味等品质,也降低了原料中水分的蒸发,减少了原料的水分损耗。

一般来说,对不同的原料,采取的低温贮存的温度也不同,根据温度不同,可分为冷藏贮存和冷冻贮存。

冷藏贮存也称为冷却贮存，是将原料置于0～4℃的环境中贮存，一般适用于蔬菜、水果、蛋乳品的存放，鲜活的动物性原料短时间也可以。由于这种温度水分不会结冰，因而原料不会出现冻结现象，能较好地保持原料固有的风味品质。但是在这一温度下，嗜冷微生物仍能生长繁殖，且原料中酶的活性并没有在空气中停止，贮存期不太长，一般为数天或数周不等。

冷冻贮存也称为冻结贮存，是将原料置于0℃以下的环境中贮存，使原料中水分部分或全部冻成冰后而贮存的一种方法。此种方法一般适用于新鲜的动物性原料。在冷冻的过程中，由于原料中的水分大部分结成冰，降低了水分的温度，有效地抑制了原料中酶的活性和微生物生长，甚至造成部分微生物死亡，因此，贮存期较长。

冷冻贮存有两种方法：一种是快速冷冻；另一种是慢速冷冻。

快速冷冻是将原料置于较低的温度下（一般在-20℃以下），快速冻结的一种方法。这种方法因冷冻速度快，原料细胞内和细胞间能同时形成许多小的冰块，而周围细胞膜损伤较少，解冻后，融化的水分仍保留在细胞组织内外，易使细胞恢复原状，因此营养成分损失较少，能比较好地保留原料的风味品质。

慢速冷冻就是把温度逐渐降低至0℃以下，这种方法容易使原料出现脱水现象，解冻后，会失去原料的风味品质。

无论是快速冷冻还是慢速冷冻，原料在贮存过程中都会失去一定水分，也会使原料的风味、色泽、营养成分及外观发生变化，因此，低温贮存也有一定的贮存期。在冷冻、冷藏原料时，可用保鲜膜或塑料袋将原料包裹起来，或置于水中冷冻，这样可以延长原料的贮存期。

冷冻的原料在使用时，首先要进行解冻，不适当的解冻方法会直接影响原料的质量。一般以自然解冻为好，但时间较长。常用的方法有水解冻法、微波解冻法等。

2.高温贮存法

高温贮存法就是对原料进行加热处理后而对原料贮存的一种方法。此种方法适用于部分动、植物性原料的贮存，但原料加热后其风味品质发生了变化。原料经过加热处理后，绝大多数微生物被杀死，细胞中的酶也会因加热而失去活性，原料自身的新陈代谢终止，从而起到贮存的目的。

高温贮存法，根据加热温度的高低，主要有高温灭菌法和巴氏消毒法。

（1）高温灭菌法：高温灭菌法是指对原料利用高温加热（一般为100～121℃）杀死原料中的微生物，破坏酶的活性，从而起到贮存效果的一种方法。一般情况下，多数腐败菌和病原菌在70～80℃条件下经过20～30分钟的加热可杀死，但是已经形成孢子的细菌，因耐热性增强，须在100℃条件下经过30分钟或更长时间才能杀死。

（2）巴氏消毒法：巴氏消毒法是法国生物学家巴斯德发明的，是指在60℃温度下加热30分钟而杀死微生物的方法。这种方法温度较低，只能杀死破坏微生物的营养细胞，但不能杀死它们的孢子或芽孢，由于温度低，因此，能最大限度地减少加热时对原料品质质量的影响。此法主要适用于啤酒、鲜奶、果汁、酱油等的贮存。随着科学的发展，巴氏消毒法又出现了低温长时间杀菌法、高温短时间杀菌法和超高温瞬间杀菌法等。

3.干燥贮存法

干燥贮存法又称脱水贮存法，是将原料经过晒、晾、烘等方法将原料中的大部分水分去掉，从而保持原料品质的一种方法。此法适用于大部分动、植物性原料。在过去保鲜技术不高明的情况下，很多名贵原料均采用这种方法，即我们所说的干货原料。此种方法是由于原料中的水分减少，原料细胞中的糖、酸、蛋白质等内含物的浓度升高，渗透压增大，使微生物的生长和繁殖受阻。由于水分减少，微生物也失去生长繁殖的条件，使微生物处于休眠状态；同时由于水分减少，原料中酶的活性减弱，新陈代谢下降，从而达到贮存的目的。脱水后的原料体积缩小，重量减轻，便于运输和贮存，但要注意不要贮存在潮湿的地方。

干燥贮存法由于干燥的方法不同，可分为自然干燥和人工干燥两大类。

自然干燥是利用自然界中的能量去除原料中的水分，如日晒、风晾等。此种方法成本低，但干燥时间长，易受污染。

人工干燥是借助一些设备，利用热风、蒸汽、减压、冻结等方法除去原料中的水分，如奶粉、蛋粉等。此种方法时间短、不受天气影响、无污染，但加工成本较高。

4.密封贮存法

密封贮存法也称隔绝空气法，是指将原料严密封闭于一定的容器中，使其和空气、日光隔绝而贮存原料的一种方法。此方法主要是使原料隔绝空气，防止原料被污染和氧化，同时对嗜氧微生物有一定的抑制作用。此种方法适用于大部分动、植物性原料，如各种罐头、塑料包装、浸泡等。

密封贮存法贮存的原料，有的需要加工前高温杀菌，有的经过一定时间的密封，会改变风味。

5.盐腌贮存法

盐腌贮存法是利用食盐对原料进行加工后贮存的一种方法。此种方法是利用食盐的渗透性产生高渗透压，降低水分活性的作用，使微生物脱水而发生质壁分离、蛋白质变性，使微生物难以生长繁殖，同时抑制了原料中酶的活性，从而达到贮存的目的，此种方法适用于大多数动、植物性原料。

盐腌的原料由于食盐的浓度不同，贮存原料的效果也不同，不同微生物对各种盐浓度的抵抗力也不同。一般来说，5%的食盐溶液可抑制一般腐败菌的活动；10%以上的食盐浓度可保持原料不致腐败。

盐腌贮存法由于腌后部分维生素、无机盐随水分析出而被流失破坏，同时会使动物性原料肌纤维变硬，但盐腌后会产生特殊的风味，因此被广泛应用。

6.糖渍贮存法

糖渍贮存法是利用食糖对原料进行加工处理后贮存的一种方法。此种方法是利用糖溶液的渗透性，使原料失水并降低水分活度的作用来抑制微生物的生长繁殖，以达到贮存原料的目的。此种方法主要适用于植物性原料，如蜜饯、果脯等。

一般来讲，糖浓度达50%以上就可以抑制微生物的生长繁殖，但在酵母、霉菌中存在着"耐糖"种类，应引起注意。

经过糖渍的品种，贮存效果好，且能产生特殊的风味，改善原料的品质。

7.酸渍贮存法

酸渍贮存法是指将原料浸泡在醋等有机酸中加以贮存的方法。此种方法是利用食用酸来提高原料的氢离子浓度，大多数腐败菌在pH4.5以下时生长发育会受到抑制而不能生存，因而在酸性条件下，能达到贮存原料的目的。此种方法主要适应于植物性原料。

酸渍贮存法有两种情况：一种是在原料中加入一定量的醋，利用醋中的醋酸来降低pH，如醋蒜等；另一种是利用乳酸菌发酵形成乳酸来降低pH，如泡菜等。无论哪种方法，都会增加原料的风味。

8.酒渍贮存法

酒渍贮存法是指利用酒或酒糟来浸泡原料，利用酒精的杀菌作用而贮存原料的一种方法。此种方法是利用酒精的杀菌作用来杀死原料中的微生物，破坏原料中酶的活性，从而达到贮存的目的。此种方法主要适用于动物性水产，如醉蟹、醉虾、糟蛋等。

酒渍贮存法，一种是利用白酒，特别是高浓度优质白酒效果最好；另一种是酒糟，利用酒糟的风味。因此，酒渍贮存法的原料风味独特。

9.气调贮存法

气调贮存法是通过改善原料贮存环境中的气体成分而达到贮存的一种方法，是目前较为先进的一种贮存方法。此种方法主要是降低空气中氧的含量，增加二氧化碳或氮气的浓度，从而减弱鲜活原料的呼吸程度，使其呼吸作用达到最低水平，抑制微生物的生长繁殖和原料中化学成分的变化，有时配以低温，从而达到贮存的目的。

气调贮存法实际应用较多，主要适用于蔬菜、水果。其方法主要有机械气调库、塑料帐篷、塑料薄膜袋、硅橡胶气调袋等。

10. 放射贮存法

放射贮存法也称辐射贮存法，是利用一定剂量的放射线照射原料而达到贮存的一种方法，是一种较为先进的贮存方法，此种方法主要是利用放射线杀死原料中的微生物和昆虫，抑制蔬菜、水果的发芽和成熟的原理，且经放射线照射后，原料本身的营养成分和价值不会有太大影响。

放射贮存法常用的射线有紫外线、α射线、γ射线等。此种方法与其他方法相比有许多优点，第一，原料经放射后，射线可以穿透包装和冰层，能杀死原料表面和内部的微生物；第二，原料经放射后，温度不会提高；第三，原料经放射后，风味不会改变，也不会产生有害成分。

11. 保鲜剂贮存法

保鲜剂贮存法是指在原料中加入具有保鲜作用的化学试剂来延长原料贮存时间的一种方法。此种方法主要是利用保鲜剂的作用来控制微生物的生理活动，抑制或杀死原料中的腐败微生物；防止和减弱空气中氧与原料中的物质所发生的氧化还原反应，从而达到贮存的目的。

贮存中常用的保鲜剂有防腐剂、抗氧化剂、脱氧剂等。

(1) 防腐剂：食品贮存过程中，常常会加入一些化学物质，这些化学物质能控制微生物的生长发育，抑制或杀死微生物，达到贮存效果。防腐剂中常用的化学物质有苯甲酸、苯甲酸钠、山梨酸钾、二氧化硫、焦亚硫酸钠、焦亚硫酸钾、丙酸钠、丙酸钙等。

(2) 抗氧化剂：食品贮存过程中，还常常加入一些防止食品氧化的化学物质，这些物质能与氧发生作用，从而防止和减弱空气中氧与原料中的一些物质所发生的氧化还原反应，这些物质就是抗氧化剂。常用的抗氧化剂有：丁基羟基茴香醚、二丁基羟基对甲酚、没食子酸甲酯、抗坏血酸等。

(3) 脱氧剂：脱氧剂又称游离氧吸收剂，它具有吸除氧的功能。在原料中加入脱氧剂，能吸除原料周围的游离氧和原料中的氧，形成稳定的化合物，防止原料氧化变质，从而达到贮存目的。常用的脱氧剂有二亚硫酸钠、碱性糖制剂、特制铁粉等。

需要注意的是，原料贮存中，无论使用哪一种试剂，都要有一定的剂量，在有的国家，试剂是有一定标准使用量的，实际工作中应严格执行。

12. 活养法

有些原料，特别是动物性原料有很多采用活养的方法，这种方法，最大限度地保持原料的新鲜程度，同时也会使原料更加鲜美，质量提高。如有些鱼类、河蚌、蟹、泥鳅等，经过一段时间活养后，可使其清洁和泥土味消失，味道更加鲜美。

综上所述，原料贮存的方法很多，但在不同时间、不同地域要根据不同原料的性质，选择合理的贮存方法，最大限度地保持原料的新鲜程度，使原料处于最佳食用状态。

三、具体原料的保管

(一)蔬菜类原料的保管

一般采用低温保藏法。一般蔬菜最适宜在0~1℃保管，不能过低，以防冰冻现象发生。这样既能使其处于休眠状态，降低了呼吸现象、防止发芽，又能保持水分，保证营养不大量损失，防止微生物生长及害虫发生，以保证蔬菜的储存质量。要控制保管时的湿度，防止过于潮湿而引起腐烂，或过于干燥而引起水分损失。

在保管时，蔬菜应放在阴凉通风处单独存放。一般对蔬菜采取勤进勤销、先进先用、后进后用的原则，发现有腐烂变质的蔬菜应立即清除。

(二)果品类原料的保管

果品的保管应根据各类果品的特点正确选择相应的保管方法。

低温是储存新鲜水果的适宜方法。低温能减弱水果的呼吸作用，降低水分和延缓其成熟过程，同时还能抑制微生物的繁殖，保存水果的适宜温度应根据各果品的特点而异。苹果、梨、桃、杏、李、葡萄、菠萝为0℃左右，柑橘类为2~5℃，香蕉为12~13℃。如果保管的温度过高，水果容易成熟、腐烂；温度过低会冻伤，影响风味和质量。

根据低温储存水果的要求，采用的具体方法一般有：冷窖存、冰窖存、冷库存、通风存、气调存等。这些方法，在产地、商业部门及饮食店均可根据不同的条件采用。保存新鲜水果还应切忌库内存放盐、碱、酒等原料，以免刺激果色变黄。保管水果还应通风透气，合理堆码，按类存放，并及时检查，保证果品完好保存。

果干脱水较充分，有的经过日晒、熏，易保存，只要包装防尘、防潮、防鼠、防虫咬即可。

果仁本身比较干燥，保管时应注意防潮，防虫蛀，防出油。一般应保管在通风、干燥和低温的环境中。

糖果制品由于用糖熬煮特殊处理过，一般不会变质，如时间过久可能会产生干缩、潮解现象或产生霉陈味，一旦出现此种情况，可重新用糖熬煮，冷却返砂再继续存放。

(三)干货类原料的保管

干货类原料含水量较低，能保管较长时间。但一般干料中都含有糖、蛋白质、脂肪等吸湿成分，这些成分具有较强的吸湿性，一旦与空气中的水汽接触，就会使干料吸湿回潮，给霉菌以滋生繁殖的机会，产生霉点，逐渐变色变味，直至腐败变质。此外，干货类原料多为孔状组织，很容易吸收异味。虫蛀、虫咬，也是干料变质的一个重要因素。干料保藏的着眼点：一是防潮湿；二是防串味；三是防虫害，妥善解决这三个方面的问题，干料就可以保存较长的时间。

干料保藏的一般方法及注意事项：

1.库房要干燥、通风、凉爽，避免阳光照射，可安装温度计和湿度计，定时检查室内温、湿度，防止库房内温度和湿度越过许可范围。

2.干料虽经日晒、密封保藏，但时间过长仍会回软、潮湿乃至发霉变质，所以要常晒常查。

3.原料应放置在货架上，保证原料至少离地面25cm，离开墙壁10cm，以便于空气流通和清扫，并随时保持货架和地面的干净，防止污染。

4.原料存放应远离自来水管道、热水管道和蒸气管道，以防受潮和湿热霉变。有些干料需放置石灰、明矾、亚硫酸氢钙等干燥剂、防霉防腐剂加以保藏，使干料不易受潮变质。

5.经常检查是否有虫、鼠咬破袋子。

6.有毒及易污染的物品，如杀虫剂、去污剂以及清扫用具等，不要放在库房内。

7.原料应整理分类，依次存放，保证每一种原料都有其固定位置，便于管理和使用。干料不能和含水量高的新鲜原料存放在同一处所，以免增加空气湿度，使干料受潮。动物性干料与植物性及藻类、菌类的干料，应分类保藏，不能混合，以避免干料产生异味。

8.入库原料需注明进货日期，以利于按照先进先出的原则进行发放，定期检查原料保质期，不能超过干料的保存期限，及时食用。

9.干货库应定期进行清扫、消毒，预防和杜绝虫害、鼠害。

(四)水产品的保管

水产品如果是活体，保管时只保证其生命的延续即可，但很多海产品因在海上停留时间很长，不可能保证水产品始终为活体，只能用低温保管，将水产品置于低温下，可抑制自身的生理消耗，细菌也不可能繁殖，从而防止了腐烂，从而延长水产品的保存时间。水产品保管的方法大体上分为活养、冰藏、冷藏及冷冻等方法。

1.活养

活养包括有水活养和无水活养两种。活的淡水鱼、虾适于清水活养；部分海鱼、虾等可采用海水活养。用呼吸道呼吸的螃蟹等水产品可无水活养，活养可使水产品保持鲜活状态，减少其体内污物，减轻异味。

2.冰藏

冰藏是利用冰来贮藏食物的一种方法。如果温度不在0℃以下,鱼类的自身消化和细菌的分解作用就不能完全停止。因此,在不具备简单冷却设备的小型渔船内,或在运输过程中均需利用冰块进行冷却。具体方法为在桶、箱中,一层碎冰一层水产品排放。

3.冷藏

冷藏是以机器作用所产生的低温,进行食品贮藏的一种方法。冷库内的温度可保持在0℃左右,只能稍微延长保存期,与冰藏法一样,不能完全防止鱼类的自身消化和细菌的分解作用。

4.冷冻

冷冻是将鱼肉冻结而进行贮藏的一种方法,是使新鲜状态的鱼肉能长期贮藏的一种最有效的方法。将鱼类置于0℃以下就会冻结,但在-20℃以上冻结,由于冻结缓慢,形成最大冰结晶生成带需要很长的时间,而且在细胞内形成较大的冰结晶体,在解冻时会产生很多的水珠,影响鱼肉的风味。采取急速冷冻法冻结的鱼肉,细胞内的冰晶体很小,对细胞无损伤。近年来,正逐渐推广液氮(-194℃)瞬间冻结法。

(五)禽类原料的保管

1.光禽和禽肉保管措施

(1)冷却保藏

光禽和禽肉如能在一周内用完,可在冷却状态下保存。如鸡肉,在温度为0℃,相对湿度85%～90%的条件下,可保藏一星期左右。

(2)冷冻保藏

宰杀后成批的光禽或禽肉,如果需要保藏较长时间,必须进行冷冻保藏。即先在-30℃～-20℃,相对湿度85%～90%的条件下冷冻24～48h,然后在-20℃～-15℃,相对湿度90%的环境下冷藏保存。主要在低温的环境下控制微生物的繁殖速度。

2.禽蛋保管措施

(1)冷藏法

冷藏法是利用冷藏环境中的低温抑制微生物的生长繁殖和蛋内酶的作用,延缓蛋内的生化变化,以保持鲜蛋的营养价值和鲜度。鲜蛋冷藏前要先经过检验,剔除粪污、霉污、破损等次劣蛋。冷藏时,鲜蛋要经过预冷。鲜蛋在冷藏期间,室内温度低可以延缓蛋的变化。但温度低也会造成蛋的内容物冻结,并且膨胀而使蛋壳破裂。根据实际情况,温度一般掌握在4℃比较合适,最低不得低于0℃,相对湿度为82%～87%。冷藏期间,要特别注意控制和调节温度、湿度,若温度、湿度忽高忽低，会增加细菌的繁殖速度或使盛器受潮而影响蛋的品质。

冷藏法保藏蛋品，虽然比其他保藏方法好，但时间不宜过长，否则同样会使蛋变质。一般在春、冬季节，蛋可贮存三个月，在夏、秋季节，蛋最多不超过两个月，就要出库。

(2)浸渍法

浸渍法的基本原理是利用化学反应产生不溶性沉积物质，堵塞蛋壳气孔。一般采用石灰水法、水玻璃法或涂膜法等。

①石灰水法

是利用蛋内呼出的二氧化碳和石灰水作用生成不溶性的碳酸钙，凝结于蛋壳上，将蛋壳的气孔闭塞，从而阻止微生物的侵入。这种方法费用较低，设备简易，可将鲜蛋贮存8个月左右。

②水玻璃法

又名泡花碱，其化学名为硅酸钠，是一种不挥发性的硅酸盐溶液。鲜蛋浸过玻璃溶液后，硅酸胶体就包围在蛋壳外面，形成一层薄的干涸水玻璃层，闭塞气孔，使蛋内水分不易蒸发，减弱蛋内的呼吸作用，同时又阻止微生物侵入。通常在20℃的室温条件下，鲜蛋可贮存4～5个月。

③涂膜法

是将液体石蜡、矿物油、聚乙烯醇等被覆剂涂布在鲜蛋蛋壳表面堵塞蛋壳气孔，以阻止蛋内逸出二氧化碳和微生物侵入蛋内。

(六)畜肉的保管

畜肉保藏常用的方法有加热保藏(如畜肉罐头制品)、低温冷冻、腌制、脱水干制、加防腐剂、射线照射、气调保藏等。目前应用最多的是低温冷冻保藏法，它能较长时间保持肉的组织结构状态，抑制微生物生长、繁殖，降低酶的活性而限制一些不利的生物化学反应，延长肉的成熟时间，尽量避免自溶和腐败过程的出现，是一种应用最为广泛、效果好且经济的保藏方法。肉的冷藏依据温度差异分为冷却保藏和冻结保藏。

1.肉的冷却保藏

肉的冷却保藏是指经过冷却后的肉类在0℃左右(一般不超过4℃，不低于－1.5℃)条件下进行保藏。冷却保藏不能完全使微生物停止生长繁殖，只能起抑制作用，所以它只能短期保藏。这种保藏可完成肉的成熟过程而改善其嫩度，可避免冻结肉解冻时肉汁流失等缺陷。一般猪肉在0～4℃可保藏3～7d，在－1.5～0℃可保藏7～14d，牛肉在此温度下可保藏1个月左右，羊肉在－1～0℃可保藏7～14d。当然冷藏时，空气的湿度及流速至关重要，湿度过高，流速过低，往往会引起肉表面霉菌的繁殖加快;湿度过低，流速过高，则会引起肉的干耗增大，所以应尽可能调节适宜的温度、湿度和空气流速,避免肉表面发黏、发霉、变软、变色及产生不愉快气味等。

2.冻结肉的保藏

肉在较低温度下冻结时,动物组织内部脱水形成冰晶,使微生物的生长繁殖和酶的活性受阻。降低冻结肉的贮藏温度可以有效地延长贮藏期。

肉冻结保藏时,应调节适当的湿度,防止肉类过分干耗。存放时,留有一定空隙,保证空气有一定流速,同时注意保藏时间,同类原料先存的先用,避免超过保藏期。对肉色和脂肪的变化应予注意。解冻后的肉由于肉汁外溢,极易腐败,应尽量使用完,用不完的可冷藏,但时间不宜过长。

(七)油脂的保管

1.忌日光。油脂受光照射会加速酸败,因为油脂中的不饱和脂肪酸双键能强烈吸收紫外光,加速过氧化物的形成。

2.忌水分。当油脂中含水量高时因水解的作用对油脂的酸败有加速的影响,水也有助于微生物的繁殖,使油脂降低质量。

3.忌高温。油脂在较高的保管温度下,不仅使油脂氧化、水解加快产生酸败现象,而且形成过氧化物速度也加快,同时有利于微生物的繁殖。

(八)调味品原料的保管

1.容器的选择

有腐蚀性的调料,应该选择玻璃、陶瓷等耐腐蚀的容器。含挥发性的调料,如花椒、大料等应该密封保存;易发生化学反应的调料,如调料油等油脂性调料,由于在阳光作用下会加速脂肪的氧化,故存放时应避光、密封;易潮解的调料,如盐、糖、味精等应选择密闭容器。

2.环境的选择

环境温度要适宜,如葱、姜、蒜等,温度高易生芽,温度太低易冻伤;湿度太大,会加速微生物的繁殖,会加速糖、盐等调味品的潮解;湿度过低,会使葱、姜等调味品大量失水。

3.方法的选择

不同性质的调料应该分别保管,如新油与使用过的油不易相互混合。调料也应及时使用,现用现加工,应根据烹饪使用量决定加工数量。

第三章

烹饪设备

第一节　厨房设备的要求和分类

厨房设备是指放置在酒店厨房或者供烹饪用的设备、工具的统称。通常包括烹饪加热设备，处理加工类设备，消毒和清洗加工类设备；有食物原料、器具和半成品的常温和低温储存设备，以及通常用的厨房的配套设备等。烹饪加热设备主要有：燃气炉、蒸柜、电磁炉、红外炉、微波炉或电烤箱。处理加工类设备主要有：和面机、馒头机、压面机、切片机、绞肉机、榨压汁机等。消毒和清洗加工类设备主要有：清洗工作台、不锈钢盆台、洗菜机、洗碗槽或是洗碗机，消毒碗柜。用于食物原料、器具和半成品的常温和低温储存设备主要有：平板货架、米面柜、冰箱、冰柜、冷库等。通常用的厨房的配套设备包括：通风设备如排烟系统的排烟罩、风管、风柜、处理废气废水的油烟净化器、隔油池等。大型餐饮业还包括传菜电梯。由于酒店厨房设备的特殊卫生要求，随着社会进步，近几十年来酒店厨房设备接触食品及原料部分已经普遍不锈钢化，达到卫生和健康要求。

一、厨房设备的要求

1. 卫生

厨房设备，其自身应该具有抵抗污染的能力，能够防止蟑螂、蚂蚁等对食品的污染，保证厨房食品存放的卫生。也就是说，内在质量要过关。市场上的橱柜设计，密封技术全部采用的是防蟑条密封，有效地防止食物受到污染。

2. 防火

厨房设备虽然发展迅速，甚至于无明火设备的出现，引起了厨房的革命，但是，大多数的设备还是使用明火的，所以设备的防火阻燃能力，直接决定了厨具乃至于酒店的安全，特别应该注意的是厨具表面的防火能力。所以酒店选择厨房设备，要选择正规厂家生产的，使用不燃阻燃材料制作的厨具。

3. 方便

厨房的操作要有一个合理的流程。因此，在厨具的设计上，能按正确的流程设计各部位的排列，对日后使用方便十分重要。再就是灶台的高度、吊柜的位置等，都直接影响到使用的方便程度。因此，要选择符合人体工程原理和厨房操作程序的厨房用具。例如，灶台的高度，吊柜的摆放位置等，都要符合人体工程原理和厨房操作程序。

4. 美观

随着厨房生活受关注程度的增加，造型美观、色彩赏心的产品成为市场的主流。并且，由于持久性的要求，厨房设备还要有防污染、便于清洁的性能，产品材质能够有抗油渍和抗油烟的能力，保证厨房设备能够长久地洁净如新。

5.安全

酒店厨房设备除了防火安全等，还需要其产品的质量保证，酒店厨房设备在设计上应考虑其在使用过程中符合人体安全原则，避免过多的尖锐设计，保障人在使用过程中的安全。

6.环保

酒店厨房设备的燃料原来多用煤，现在普通是采用燃油、燃气以及用电，更环保。此外，厨房设备本身的产品，比如专业酒店厨房设备厂家生产的节能灶，多数能达到节能 30%～60% 以上。

随着时间的发展，现更涌现出电磁炉，所有炉灶全部采用电，能节约更多的能源，能避免火灾事故，更安全，而且便于清洁卫生和整体美观，符合环保要求。

二、厨房设备的分类

1.烹调用具

主要有炉具、灶具和烹调时的相关工具和器皿，如燃气炒灶，蒸饭柜，汤炉，煲仔炉具，蒸柜，电磁炉，微波炉，烤炉；随着厨房革命的进程，电饭锅、高频电磁灶、微波炉、微波烤箱等也开始大量进入家庭。

2.储藏设备

分为食品储藏和器物用品储藏两大部分。食品储藏又分为冷藏和非冷储藏，冷藏是通过厨房内的电冰箱、冷藏柜等实现的。器物用品储藏是为餐具、炊具、器皿等提供存储的空间。储藏用具是通过各种底柜、吊柜、角柜、多功能装饰柜等完成的。

3.洗消设备

洗涤消毒设备主要有：冷热水的供应系统、排水设备、洗物盆、洗碗机、高温消毒柜等，洗涤后在厨房操作中产生的垃圾处置设备等、食品垃圾粉碎器等设备。

4.调理设备

调理设备主要包括调理的台面，整理、切菜、配料、调制的工具和器皿。随着科技的进步，家庭厨房用食品切削机具、榨压汁机具、调制机具等也在不断增加。

5.食品机械

主要有和面机、搅拌机、切片机、打蛋机等。

6.制冷设备

主要有冷饮机、制冰机、冰柜、冷库、冰箱等。

7.运输设备

主要有升降机、传菜梯、餐梯等。

第二节 主要的烹饪设备

一、炉具

炉具，指用于烹饪的供热设备，分固定和可移动两类。大家所熟悉的灶具种类繁多，按照燃料来划分，有柴火灶、煤炉灶、液化气灶、燃气灶、电磁灶等。除此之外，加热的设备还有微波炉、烤箱等。

柴火灶，是以木柴、锯末、刨花、杂草、玉米芯、秸秆等植物材料为燃料，利用其独特的炉灶结构，使燃料以木质直燃、木质炭化、木质气化燃烧相结合、相促进。从而使所有的热能聚合于炉口，达到加热的目的。目前，除农村个别地区家庭还使用外，几乎不用。

煤炉灶，是以煤炭为燃料，可固定也可制成移动的炉灶。过去酒店和家庭使用较多，污染严重，现在城市酒店几乎不允许使用，家庭使用也越来越少。

燃气灶，是指以液化石油气（液态）、人工煤气、天然气等气体燃料进行直火加热的厨房用具。燃气灶又叫炉盘，其大众化程度无人不知，但又很难见到一个通行的概念。按气源分，燃气灶主要分为液化气灶、煤气灶、天然气灶；按灶眼分，分为单灶、双灶和多眼灶。

电磁灶：又称为电磁炉，是交变电流通过陶瓷板下方的线圈产生磁场，磁场内的磁力线穿过铁锅、不锈钢锅等底部时，产生涡流，令锅底迅速发热，达到加热食品的目的。1957年第一台家用电磁炉诞生于德国。1972年，美国开始生产电磁炉，20世纪80年代初电磁炉在欧美及日本开始热销。现在使用较为普遍。

电磁灶具有加热速度快、节能环保、多功能性、容易清洁、安全性高、使用方便、经济实惠、精确温控、自动化保温的优点。

二、烤箱

烤箱是一种密封的用来烤食物或烘干产品的电器，分为家用电器和工业烤箱。家用烤箱可以用来加工一些面食。工业烤箱，为工业上用来烘干产品的一种设备，有电的、有瓦斯的，又叫烤炉、烘干箱等。

电烤箱是利用电热元件所发出的辐射热来烘烤食品的电热器具，利用它我们可以制作烤鸡、烤鸭、烘烤面包、糕点等。根据烘烤食品的不同需要，电烤箱的温度一般可在50~250℃范围内调节。

厨房使用的烤箱多为电烤箱,也有燃气烤箱。

1.燃气烤箱

将食材密封后加热,用干热火烘烤食材。点燃燃气热源,只点燃烤箱下端的燃气烤炉,预热烤箱内部空气,燃气烤箱大多都是燃气灶与烤箱二合一的一体机。燃气烤箱可分为自然对流式与热风循环式,烤箱内部的后侧装置了一个风扇,强制性地将烤箱内部的热气旋转,使热气对流,有助于热气在烤箱内部的分散,使食材更快速地完成烘烤,而且受热均匀,不过其缺点在于容易将食材烘烤得过干。

燃气烤箱内部空间大。可以单次放入多款菜品。然而过大的空间也意味着更长的预热时间,而且由于热源主要来自烤箱底部,所以也会出现底部温度过高,底部与上部温差大的现象。需要用高温(230~250℃)烘烤的食材,如肉类,可将烤架放置在烤箱的下端。而低温(180~200℃)烘烤的食材,如甜点,则可放置在烤箱的上端。在200~220℃温度区间烘烤的奶油焗蔬菜或其他料理。可放置在烤箱的中间部位。如果有单独的炉灶,可以同时使用烤箱与炉灶。内部容量:50~60L。

2.电烤箱

烤箱内部有加热器和风扇,可迅速升温,无须预热。但是电烤箱的门是由玻璃制成。所以在烹饪过程中或烹饪结束后玻璃温度较高,因此不要给烤箱盖上防尘罩。电烤箱又可细分为蒸汽式烤箱、光波烤箱、多功能电烤箱等多款品种。蒸汽式烤箱可以将加热至高温的蒸汽转换成热源,利用高温的细小蒸汽包裹整个食材,均匀地将热量传递到食材的内部,可减少脂肪与盐度,保存原有的营养成分。需要用蒸汽式烤箱的菜品有棒面包、芝麻面包、奶油泡芙,还有外焦里嫩的肉类食品,如烤鸡腿、烤牛排。也适用于涂抹辣椒酱或其他调料的菜品。蒸汽式烤箱中也涵盖烤箱的基本功能,因此可以根据不同的用途需要,选择指定的功能。在使用蒸汽式烤箱前,首先确认蒸汽口,可将食材放入烤箱盘中烘烤。

光波烤箱是运用大量的电磁波烘烤食材,光热可以渗透到食材的最深层,可对食材的内外同时烘烤。光波烤箱的缺点是,由于无法调整光波的强度,因此靠近热源的部分,烤出来的颜色会更深一些。多功能烤箱的自动搭配组合可同时启动烤箱与微波炉的功能,减少烘烤时间,运用此功能时,需要注意温度、烘烤时间与功能的组合。

一般来说,烤制的食物与温度、时间关系很大。50℃——食物保温、面团发酵;100℃——各类酥饼、曲奇饼、蛋挞;150℃——酥角、蛋糕;200℃——面包、煎饺、花生、烙饼以及各类扒、叉烧、烧肉、鱼、烤鸭等。

三、蒸车

蒸车,又称蒸饭柜、蒸饭机或蒸饭箱。是指利用电、燃气发热,蒸煮米饭的大型厨房烘烤设备。内部采用不锈钢蒸盘（不锈钢方盘）作为容器，为了方便移动，在设备下方安装方向轮，故外形似车。车身为柜体状，材质为不锈钢，一般多用304不锈钢制造。蒸饭车多用于酒店、部队、学校、工厂等大型食堂。蒸饭车除了用来蒸米饭、馒头、包子以外，还可蒸猪肉、鸡鸭等肉食，还有专门用来蒸海鲜的海鲜蒸柜，也可以炖汤。

按加热方式可分为燃气蒸饭车、电热蒸饭车、电热蒸汽两用蒸饭车。

按规格大小可分为单门蒸饭车、双门蒸饭车以及三门蒸饭车。

按性能特点还可分为普通型蒸饭车、豪华型蒸饭车、数码蒸饭车，以及专门用来蒸海鲜的海鲜蒸柜。

四、冰箱

冰箱是保持低温的一种器具，通过使食物或其他物品保持恒定低温冷态以避免其腐败。古代冰箱内挂锡裹，箱底有小孔，两块盖板的一块固定在箱口上，另一块为活板，其中放入冰块保持箱内低温。现代电冰箱箱体内有压缩机、制冰机用以结冰的柜或箱，带有制冷装置的储藏箱。

冷藏箱：该类型电冰箱至少有一个间室是冷藏室，用于储藏不需冻结的食品，其温度应保持在0℃以上。但该类型电冰箱可以具有冷却室、制冰室、冷冻食品储藏室、冰温室，但是它没有冷冻室。

冷藏冷冻箱：该类型电冰箱至少有一个间室为冷藏室，另一个间室为冷冻室。

冷冻箱：该类型电冰箱至少有一间为冷冻室，并能按规定储藏食品，可有冷冻食品储藏室。

现在现代化节能冰箱、电脑冰箱、无氟冰箱、变频冰箱也相继出现。

冰箱使用一段时间后，会产生一些冰霜，假如不能定期化霜，那么会影响制冷效果，而且耗电量也会增加，甚至容易损坏压缩机。因此，每当看到冰霜的厚度超过7cm时，就应该进行化霜。

五、消毒柜

消毒柜是指通过紫外线、远红外线、高温、臭氧等方式，给食具、餐具、毛巾、衣物、美容美发用具、医疗器械等物品进行烘干、杀菌消毒、保温除湿的工具，外形一般为柜箱状，柜身大部分材质为不锈钢，面板为钢化玻璃或者不锈钢两种。

按照消毒方式分为高压蒸汽食具消毒柜、电热食具消毒柜、臭氧食具消毒柜、紫外线食具消毒柜和组合型食具消毒柜。

六、微波炉

微波炉是利用食物在微波场中吸收微波能量而使自身加热的烹饪器具。在微波炉微波发生器产生的微波在微波炉炉腔建立起微波电场,并采取一定的措施使这一微波电场在炉腔中尽量均匀分布,将食物放入该微波电场中,由控制中心控制其烹饪时间和微波电场强度,来进行各种各样的烹饪过程。

通俗地讲,微波是一种高频率的电磁波,其本身并不产生热,在宇宙、自然界中到处都有微波,但存在于自然界的微波,因为分散不集中,故不能加热食品。微波炉乃是利用其内部的磁控管,将电能转变成微波,以 2450MHz 的震荡频率穿透食物,当微波被食物吸收时,食物内之极性分子(如水、脂肪、蛋白质、糖等)即被吸引,以每秒 24.5 亿次的速度快速振荡,这种震荡的宏观表现就是食物被加热了。

微波加热的原理简单来说是:当微波辐射到食品上时,食品中总是含有一定量的水分,而水是由极性分子(分子的正负电荷中心,即使在外电场不存在时也是不重合的)组成的,这种极性分子的取向将随微波场而变动。由于食品中水的极性分子的这种运动,以及相邻分子间的相互作用,产生了类似摩擦的现象,使水温升高,因此,食品的温度也就上升了。用微波加热的食品,因其内部也同时被加热,使整个物体受热均匀,升温速度也快。它以每秒 24.5 亿次的频率,深入食物 5cm 进行加热,加速分子运转。

因为微波是一种辐射,有一种错误的观点认为它会致癌。事实上,微波是一种电磁波,跟收音机和电报所用的电波、红外线,以及可见光本质上是同样的东西。它们的差别只在于频率的不同。微波的频率高于电波,低于红外线和可见光。处于这一频率波段的电磁波是不会致癌的。

七、切菜机

切菜机是刀刃与菜成一定角度的一种食品机械。

切菜机采用半月刀盘和半月调节盘结构,不需更换刀片,只需使用不同料斗,和扳动倒顺开关即可进行切丝或切片工作。是萝卜、土豆、芥兰头、红薯等瓜果类蔬菜切片或切丝的理想厨房设备。切菜机的组成部分主要有机架、输送带、压菜带、切片机构、调速箱或塔轮调速机构等。用于瓜薯类硬菜的切片,片厚可在一定范围内自由调节,竖刀部分可将叶类软菜或切好的片加工成不同规格的块丁、菱形等各种形状。切菜长度通过"可调偏心轮"在一定范围内任意调整。因竖刀模拟手工切菜原理,加工表面平整光滑,成型规则,被切蔬菜组织完好,保持新鲜。

切菜机有单切型切菜机和多功能型切菜机之分。

单切型切菜机适用于片、段、丝、块茎、叶菜、海带等。

多功能型切菜机包含单切机所有功能的同时,也可切圆形。如土豆、萝卜等。可将根、茎、叶等蔬菜加工成片、丝、丁、菱、曲线、花丁、花片等。切片装置用于硬菜(萝卜、土豆、水果、薯类)的切片,厚度在 1~10 毫米内自由调整,往复竖刀将刀成的菜片或软菜(韭菜、芹菜)切成直丝或段、曲线丝、方丁(或形刀)，输送带每次移动距离1~20毫米自由调整，所调整量即为丝段的宽度；应注意被切菜直径较粗时(大于30毫米)出片效果才好，便于切丁，直径小时切的片或丁将会杂乱。被切菜加工面平整光滑、规则，组织完好，保持手工切制的效果。

八、制冰机

制冰机是一种将水通过蒸发器由制冷系统制冷剂冷却后生成冰的制冷机械设备，采用制冷系统，以水载体，在通电状态下通过某一设备后制造出冰。根据蒸发器的原理和生产方式的不同，生成的冰块形状也不同；人们一般以冰形状将制冰机分为颗粒冰机、片冰机、板冰机、管冰机、壳冰机等。通过进水阀门，水自动进入一个蓄水槽，然后通过水泵抽水到分流管，分流管将水均匀地流到被低温液态制冷剂冷却后的蒸发器上，水被冷却至冰点，这些冷却到冰点的水将会凝固变成冰，而没有被蒸发器冻结的水又流入蓄水槽，通过水泵重新开始循环工作。

当冰块达到所要求的厚度时，进入脱冰状态，将压缩机排出的高压热气通过换向阀引流到蒸发器上，取代低温液态制冷剂。这样在冰块和蒸发器之间就形成了一层水膜，这层水膜使冰块脱离蒸发器，冰块靠重力的作用自由地落进下面的储冰槽中。

九、和面机

和面机属于面食机械的一种，其主要是将面粉和水进行均匀地混合。有真空式和面机和非真空式和面机。分为卧式、立式、单轴、双轴、半轴等。

功能多样，用途广泛，可以用来：搅、揉、拌，如搅黄油、搅奶酪、搅鲜奶、打鸡蛋等；揉面团；打果汁、拌果酱、拌面、拌冰沙、拌凉菜等。

十、发酵箱

发酵箱又名醒发箱。发酵箱的箱体大都是不锈钢制成的，由密封的外框、活动门、不锈钢托架、电源控制开关、水槽以及温度、湿度调节器等部分组成。发酵箱的工作原理，是靠电热管将水槽内的水加热蒸发，使面团在一定温度和湿度下充分地发酵、膨胀。如发酵面包面团时，一般是先将发酵箱调节到设定的温度后方可进行发酵。发酵箱型号很多，大小也不尽相同。

十一、打蛋机

打蛋机是食品加工中常用的搅拌调和装置，用来搅打黏稠浆体，如糖浆、面浆、蛋液、乳酪等。打蛋机分为手动和电动两种。手动打蛋机价格比较经济，但是较耗体力，一般适用于家庭厨房，饭店等小量加工。电动比较省力，将原材料加入容器内，然后将其固定，调节需要的速度后打开电源就可以了，使用较为普遍，购买的时候可按容量的大小选择，价格从几十元到几千元不等。

十二、洗菜机

洗菜机是一款专门清洗水果蔬菜的机器，有商用洗菜机和家用洗菜机两大类。

蔬菜清洗是蔬菜加工和净菜生产中必不可少的工序之一。2013年，蔬菜清洗主要依靠手工，其机械化程度很低；现有的蔬菜清洗机有振动喷淋式和滚筒式两种。振动喷淋式蔬菜清洗机有两个清洗池，蔬菜先在振动清洗池中做往复运动，进行初步清洗，然后进入喷淋池中用清水喷淋，完成整个清洗过程。该清洗机耗水量大，对叶类蔬菜有较大的损伤。

滚筒式清洗机的主体是一个倾斜的金属网状圆柱形旋转体，在圆柱的中心轴部位装有许多喷嘴的喷射水管，蔬菜随圆柱不停转动的同时受到喷射水流的冲刷作用，达到清洗的目的。滚筒式清洗机只能完成土豆、山芋等根茎类蔬菜的清洗，且清洗时对蔬菜损伤较大，不能应用于叶类蔬菜的清洗。

无论是振动喷淋式或滚筒式清洗机，商用洗菜机主要还是以清洗水果蔬菜表面的泥垢和污物为主要目的。

除上述外，还有必要的操作台、货架、菜墩、水池、水盆、锅具，等等。

第三节　厨房设备的使用与保养

一、燃气灶

1.使用

在确定灶具的旋钮开关旋至"关"的位置后再打开气源阀门。

如果为无熄火保护装置的台式灶或离子感应式灶具，只需压下旋钮开关逆时针转动或按下开关旋钮，听到一声点火声，即可自动点燃；如果是脉冲式灶具（带熄火保护装置），按压旋钮开关，转动至"大火"位置（一般有图案标明），此时能听到连续的点火声和看到点火针与铜盖之间产生火花，燃气点燃后一定要再将旋钮开关压住5～10秒钟，等火焰稳定燃烧后再将手松开。

调节火力时可按照各旋钮开关所对应的火力大小指示旋转旋钮即可调节。

关火时应先关闭气源阀门，要将旋钮开关拧至"关"的位置即可。

燃气燃烧的最佳状态，火焰呈蓝色状态，内焰清晰。如需调节火焰燃烧状态应调节灶具底部的风门。

使用中或刚熄火时，不可用手触碰铜盖、锅架、灶面等部位，以免烫伤。

当发现燃气味很重时，应立即关闭气源阀门，打开窗户，保持空气流通，不要再操作其他电器，并注意烟火勿近。

2.保养

（1）每隔半年左右用肥皂水检查供气管道的接口处是否泄漏，橡胶软管是否老化出现裂纹。

（2）定期清理火盖上的火孔，防止堵塞。

（3）灶具火盖损坏后，一定要购买原厂产品，不能随意更换，以免造成燃烧状态不良。

（4）进气软管长期使用会老化或破损，形成安全隐患。因此进气软管有老化现象时应及时更换，切不可用胶布粘补后继续使用。

二、电磁灶

1.使用

（1）电源线要符合要求。电磁炉由于功率大，在配置电源线时，应选能承受15A电流的铜芯线，配套使用的插座、插头、开关等也要达到这一要求。否则，电磁炉工作时的大电流会使电线、插座等发热或烧毁。

（2）保证气孔通畅。工作中的电磁炉随锅具的升温而升温。因此。在厨房里安放电磁炉时，应保证炉体的进、排气孔处无任何物体阻挡。炉体的侧面、下面不要垫（堆）放有可能损害电磁炉的物体、液体。需要提示的是，当电磁炉在工作中如发现其内置的风扇不转，要立即停用，并及时检修。

（3）清洁炉具要得法。电磁炉同其他电器一样，在使用中要注意防水防潮，还要避免接触有害液体，也不要用金属刷、砂布等较硬的工具来擦拭炉面上的油迹污垢。清除污垢可用软布蘸水抹去。正在使用或刚使用结束的炉面不要马上用冷水去擦。

（4）按按钮要轻、干脆。电磁炉的各按钮属轻触型，使用时手指的用力不要过重，要轻触轻按。当所按动的按钮启动后，手指就应离开，不要按住不放，以免损伤簧片和导电接触片。

（5）炉面有损伤时应停用。电磁炉炉面是晶化陶瓷板，属易碎物。

2.保养

（1）电磁炉放置要平稳。

（2）远离潮气和蒸汽。

（3）清洁炉具要得法。

三、烤箱

1.使用

（1）按使用说明书要求进行操作。

（2）电烤箱应放在平整、稳固的地方，并保证接地螺栓可靠接触，在将250V、10A单相三芯插座与自带电源插头匹配使用时，玻璃窗、插座应保持清洁。

（3）烤箱的热量和升温速度不同，使用时掌握好烘烤食品的温度、时间最为重要。靠近炉门有散热现象，烘烤食品时要翻面，使其受热均匀。

（4）取用食品要停电操作，用手柄叉卡好烤盘，以防止触碰发热元件烫伤手指。

（5）保持内腔壁洁净，烘烤食品完毕，若内腔有调料、油渍等物，可用毛巾润湿肥皂水轻擦烤箱内腔壁直到洁净为止，并且从炉门排出湿气，烤箱表水冲洗内腔，以防止电气元件受潮。

（6）不用时把功率、温度控制、定时三个转换开关转到关停位置上，放在干燥、通风、洁净处。

2.保养

在烘烤一些容易喷溅油汁的菜肴时，可先将烤箱四周内壁（不能包住或挡住加热管)铺上一层锡纸,烘烤后取下锡纸即可。

清洁之前,最好先将电源插头拔掉,待烤箱降温后再清理,以免发生触电或烫伤等意外。

烤箱外侧(含玻璃门)可先喷上厨房清洁剂,稍待片刻后再用拧干的抹布擦拭干净。也可以趁烤箱还有余温时用抹布擦拭,更易清除污垢。

油垢在温热状态下较易清除,所以可以趁烤箱还有余温时(不烫手)以干布擦拭,也可以在烤盘上加水,以中温加热数分钟后使烤箱内部充满温热水汽,再擦拭可轻松去除油垢。

烤箱内部难以去除的油垢,可用抹布蘸少许中性清洁剂来擦拭,更需注意的是,抹布不可湿或滴水,以免使烤箱出现故障。

抹布蘸上醋水(水+白醋)或柠檬水来擦拭,也可去除油垢;醋水或柠檬水中加入盐,清洁效果更佳。

当烤箱内有较大面积的未干油渍时,可以先撒面粉吸油,再予以擦拭清理,效果较佳。

烘烤中若有食物汤汁滴在电热管上,会产生油烟并烧焦黏附在电热管上,因此必须在冷却后小心刮除干净,以免影响电热管效能。

要去除黏附在烤盘或网架上的焦黑残渣,可先将烤盘或网架浸泡在加了中性清洁剂的温水中,约半小时后再用海绵或抹布轻轻刷洗,切忌使用钢刷以免刮伤生锈,洗后应立即用干布擦干。

若烤箱肉残留油烟味,可放入咖啡渣加热数分钟,即可去除异味。

四、蒸饭车

1.使用

(1)使用蒸饭车前必须安装漏电保护开关,检查电器线路,外壳要有效接地,接线要牢固。在未装漏电保护开关和有效接地的情况下严禁使用。

(2)使用前将机器安放平整,接上输入蒸汽管道,将饭盘、馒头盘等放进烤箱内,加入部分清水,送电(或蒸汽)经30分钟能达到良好消毒作用,然后放入大米、馒头及菜类。

(3)用电加热时,必须将水箱加满水,切勿缺水送电,以防烧坏电器。

(4)用蒸汽加热时,将需蒸煮食品放入烤箱内关上门,蒸饭车顶部配有气压安全球阀,气压达到一定的压力时气压球阀自动冲开蒸汽逸出,属正常现象,严禁用物体压住气压球阀。

(5)蒸饭车非高压密闭容器,允许有少量蒸汽从门缝逸出,当蒸汽输入数分钟后,蒸汽逸出较刚输入时有所增加属正常现象。

(6)蒸饭车箱外壳不宜接近酸碱之类腐蚀物,以防腐蚀氧化。

(7)蒸毕后应清洗蒸箱,并定期擦洗电热元件表面(一般一周两次)但不得用过硬的金属铲刮表面,及时更换水箱用水。

2.保养

蒸饭车左侧下方卸压阀切记不可用重物压或堵塞,亦不可外接管道进行排放蒸汽,以免管道堵塞造成意外事故。

浮球阀应经常检查是否正常及流水是否畅通,如发现进水孔结垢堵塞应尽快进行处理,以免造成缺水干烧。

外接蒸汽时应注意,蒸饭车为非高压密闭型容器,使用时应注意设置蒸汽输入压力,不可超压使用,以免造成危险。

每次蒸饭之后放尽水箱中的余水及每周两次清除水垢,以防水垢在浮球阀及发热管上聚积引起堵塞及发热管干烧。

如遇结垢可用5%的柠檬酸溶液注入水箱中进行15分钟的加热蒸煮,然后将水垢清除,排出箱底中的污水,再用清水清洗一遍即可。

五、冰箱

1.使用

温度补偿开关

在环境温度较低情况下(10℃以下),打开温度补偿开关以便正常使用。当环境温度较低时,如果不打开温度补偿开关使用,压缩机的工作次数会明显减少或者不工作,开机时间短,停机时间长,造成冷冻室温度偏高,冷冻食品不能完全冻结,因此必须打开温度补偿开关使用。打开温度补偿开关并不影响冰箱的使用寿命。当冬季过去,环境温度升高,环境温度高于15℃时,再将温度补偿开关关闭,这样,可以避免压缩机频繁启动,节约用电。

温控器

冰箱温控器在使用过程中,其工作时间和耗电受环境温度影响很大,因此需要我们在不同的季节要选择不同的档位使用,冰箱温控器夏季应开低档,冬季开高档。夏季环境温度高时,应打在弱档2档使用,冬季环境温度低时,应打在强档使用。

冰箱冷藏室正确的设置温度为5~7℃,既可以保证食品的保鲜效果,也可避免温度设置过低造成资源浪费。

2.保养

冰箱内不应装得过满,应留有适当空间,以利于冷气穿透全部存品。此外,冰箱要定期消毒。3~4周要用稀漂白粉水或0.1%高锰酸钾水擦拭一次,同时要定期清洗冰箱,包括各板层,特别是过滤网,此处常常是污垢和病菌的积聚场所。

及时进行清洁保养,定期适当保养可以延长冰箱的使用寿命。

六、消毒柜

1.使用

(1)消毒柜要"干用"。

(2)消毒柜要常通电。

(3)餐具材料要选择。

(4)位置摆放要科学。

2.保养

(1)定期清洗。在对消毒柜进行清洁的时候,需要将柜体下端集水盒中的水倒出并进行清洁,在清洁消毒柜时需要先断开电源,用干净的湿布擦拭柜体,切忌用水直接冲淋。如果消毒柜污垢堆积情况较严重,也可以用软布蘸中性清洁剂进行清洁。

(2)检查柜门:消毒柜需要定期检查柜门封条是否密闭完好,封条破损会造成消毒过程中热量的散失以及臭氧的逸出,既降低了消毒效率,同时影响室内空气环境。

七、切菜机

1.使用

(1)启动叶菜切启动按钮,使马达带动刀具运转,此时回转双刀依变频器之设定运转,输送带亦依变频器设定运转。

(2)设定好频率可得到所需之切削长度。

(3)将欲切物放至输送带入口处,将会被带入下压轮组且经过刀盘切削。

(4)当完成时按下叶菜切停止按钮,马达即停止。

2.保养

平常切菜机切菜操作完毕,留神要将设备收拾洁净,将机械各个角落的残渣清除掉,避免时间久后,残渣陈腐,因此影响产品的清洁规范下降,还会严重威胁到食用人的身体健康。

八、制冰机

1.使用

(1)开机前必须检查自动供水装置是否正常,水箱存水量是否合理(本机出厂时已调整好水位,用户可不作调整)。

(2)插上电源，制冰机开始工作，首先水泵开始运行（水泵有一个短时间的排空气过程）约2分钟后压缩机开始启动，机器进入制冰状态。

(3)当冰块厚度达到设定的厚度时，冰板探针开始启动，除霜电磁阀开始工作，水泵停止工作，热气进入蒸发器，约1分钟冰块下落。在冰块下落时，使落冰档板翻转并打开磁簧开关。当磁簧开关重新闭合时，机器进入再一次制冰过程。

(4)压缩机在整个制冰和脱冰过程中都不停机。

(5)当储冰桶内冰满，磁簧开关不能自动闭合时，机器自动停止工作，当取走足够的冰块，磁簧开关重新闭合后，延时3分钟后机器启动，重新进入制冰过程。

2.保养

(1)制冰机不宜放置于露天环境，最好安装于安全清洁、通风良好的环境，且不要受到阳光的直射和雨淋。

(2)制冰机不能靠近热源，使用环境不能低于5℃，不高于40℃，以免温度过高影响冷凝器散热，达不到良好的制冰效果。

(3)制冰机应安装于平稳的平台上，并调整机器底部的地脚螺钉来保证机器放置水平，否则会导致不脱冰及运行时产生噪声。四周应留有空间，为了便于散热，机器左边右边及后边空间不能小于150mm。

(4)制冰机应使用规定的符合国家标准的独立电源，电源应确保可靠接地，并配备熔断器及漏电保护开关等，电压波动不得超过额定电压的±10%。

(5)制冰机应使用符合当地饮用水标准的水源，并安装过滤器等，以去除水中杂质，避免堵塞水管，污染水槽和冰模并影响制冰性能。水温最低2℃，最高不超过35℃，水压最低0.02MPa，最高0.8MPa。

(6)制冰机必须两个月旋开进水软管管头，清洗进水阀滤网，避免水中砂泥杂质堵塞进水口，而引起进水量变小，导致不制冰。

九、和面机

1.使用

接通电源，查看旋转方向（搅拌器向后转），运转应平稳，无异响，空车运行30分钟后复查各坚固件，再进行工作。

2.保养

(1)和面机机身各油孔或油杯中加适量润滑油，并坚持每半月加2~3次。

(2)在使用中经常检查各部件紧固件，如有松动及时紧固。

(3)本机齿轮啮合区采用润滑脂润滑，每半个月加油一次，轴承座内有粉末冶金轴瓦，每半月必须向轴承座上的油杯注油两次，否则轴与轴瓦会胶合。

(4)和面时面粉的加入量不应超过面桶容量，以免烧坏电机。

(5)如发现面团有油污,应及时检修,更换油封。

(6)机器使用完后应及时进行清洗,以免影响再次使用;清洗时面桶内加水高度不应超过轴的最低点,以防止水从面桶侧板的轴孔溢出或流入侧板夹层中影响使用寿命。

十、发酵箱

1.使用

(1)使用符合发酵箱要求功率的单相电源开关,以及配备漏电保护器,才能将发酵箱的电源插头插上,通电前需往水盘内加满水;

(2)插上电,电源指示灯亮,表示电源已接通,把需要发酵的面团放入想入层架中,然后把湿度调节旋钮调至 35~40℃,温度调节按钮比水温调节高出大概 5~10℃,或者是根据自己的需要进行调节;

(3)停止使用时必须切断水源和电源,确保用水和用电安全。

2.保养

每天使用完毕后,必须关闭电源,用干毛巾擦拭机器,保持醒发箱整机清洁;检查风机是否全部运转正常;检查水管接头处是否锁紧;使用完毕就检查箱体内有无残渣、污垢,保持箱内无异味;检查机器的排水系统,确保畅通;清除冷凝器上的污垢。

十一、打蛋机

1.使用

(1)原料,搅拌器放入缸中,将缸放入搅拌支架上定位,确定定位后旋转固定把手将缸固定好;

(2)搅拌器往上装入定位,并将搅拌缸升至最高,选用适当的档位,合上开关进行搅拌;

(3)完成后以反顺序降下搅拌缸,同时取下搅拌器,此时搅拌器尚在缸中,转开搅拌缸固定把手将搅拌缸搅拌器一同抬离机器再把搅拌器由缸中取出,将搅拌好的材料取出或倒出。

2.保养

每天使用完毕后,必须关闭电源,用干毛巾擦拭机器,保持清洁。

第四章

刀工和刀法

第四章 刀工和刀法

我国的饮食文化历史悠久,作为饮食文化中重要组成部分的刀工技艺,也同样源远流长,堪称一绝。"切割"是古人对刀工的一种称法。《说文·刀部》:"切,剥也。"《广雅·释诂三》:"切,断也。"又《释诂三》:"切,割也。"古时"切"与"割""断"通。至少在先秦时,烹饪活动中的刀工绝不会只停留在切、割这样简单的操作水平上。"切割"是当时人们对刀工的部分印象,它不能代表刀工的整意。《周礼·天官·内容》:"掌王及后、世子膳馐之割、烹、煎和之事。"郑玄注曰:"割,肆解肉也。"孙冶让《周礼正义》曰:"肆解,即割裂牲体骨肉之通名。"应该说,"肆解"一词已成为当时人们对刀工的通称。原因很简单,古时,祭祀活动很频繁,荐献牲肉是祭礼的重要一环,除牲体整献外,还有根据祭祀礼数规定需要而经分解、分档的牲肉,甚至还有用以制作酿酱的肉块、肉泥等作为荐献的祭品。至于用以养老奉亲的肉类食品也离不开分解、分档等工序。可见,肉类原料已成为刀法加工的主要对象,大量的古文献也说明了这一点。先秦时期,先民对刀工的要求就已经不局限于改变烹饪原料的形状,而是把原料形状加以美化,使菜肴不但味美可口,而且形象悦目,并部分体现出时代的礼乐精神。孔子曰:"割不正不食""脍不厌细",这里提到的"割"、"脍"是古代刀工问题,"正""细"则是孔子对刀工刀法的技术要求,而且也有审美意味、审美感受及礼乐精神在其中。而这一切必然以高超精湛的刀工技艺为前提,否则,"正"也好,"细"也好,都成了无本之木。

用刀切烹饪原料的技巧和功夫。我国古代极为重视,唐代就有刀工的专著《砍脍书》,记有小晃白、大晃、舞梨花、柳叶缕、对翻蛱蝶、十丈线等刀法名称。南宋还用刀雕花。

刀工不仅是一门技艺,其中也包含着比较宽泛的文化性和浓厚的艺术性,它已成为进行烹饪艺术创作的基本技能之一。

第一节 刀工的概念、要求和作用

刀工技术是厨师的基本功之一,是从事烹饪工作必须精通的一门技能,是使烹饪从技术走向艺术的重要基础。在掌握娴熟的刀工技术的同时,还要具有良好的职业规范,随着社会的发展,科学的进步,形成符合现代餐饮企业要求的专业素质,为学习其他专业技能和从事烹饪工作奠定基础。

现代餐饮行业需要的是既有扎实的专业技术,又有深厚的基础知识的烹饪人才,在继承的基础上将烹饪艺术发展、创新、进步,才能把烹饪技术融入科学的领域,使刀工技术真正走向科学化、规范化。

一、刀工的概念

刀工是根据烹调和食用的具体要求，采用相适应的刀具和刀法，将经过初步加工和整理的烹饪原料加工成一定立体形状的操作过程。

我国的菜肴历来讲究色、香、味、形、器、质、养、洁、意，而其中的形、质和意与刀工有着极为密切的关系。

种类繁多、性质各异的烹调原料，经过初步加工处理以后，绝大多数在正式烹调之前都必须经过刀工处理，有少数原料虽能直接烹调，却又不便于食用。要想既便于烹调又方便食用，就必须经过刀工处理。此外，随着烹饪技艺的发展，人们饮食观念和消费水平的提高，人们在用餐过程中，不仅要满足物质享受的需要，而且要满足精神享受即美的享受需要，这就对刀工技术提出了更高的要求。刀工已不单纯局限于改变原料的形状和食用需要，更要注意原料形状和菜肴成品的美化，使制成的菜肴不仅滋味可口，而且形象美观，赏心悦目，以达到以欣赏促食欲的目的。由此可见，刀工是整体烹调技术中不可缺少的重要组成部分，也是整个烹调过程中的重要工序之一。

几千年来，我国劳动人民，特别是从事烹调工作的技术人员通过不断实践，创新、总结出很多精巧的刀工技术，积累了丰富的宝贵经验，使我国烹调技术中的刀工，不仅具有精湛的技术性，而且具有较高的艺术性。

二、刀工的特征

要研究中国烹饪的刀工文化，就必须明确中国烹饪刀工文化的特点。纵观历史长河，中国烹饪刀工文化具有以下几个方面的特征。

1.集体性

中国烹饪刀工文化跟其他门类的中华文化相似，它是集体智慧的结晶，它不是某个个体的发明创造。而是由一个群体集体创造出来的，集体智慧是一个异常显著的特点。所以我们在研究古代某个时期出现刀工的某种形态时没有办法具体到是古代的哪个中国人创造的。

2.时代性

中国烹饪刀工文化的食物形态会随着时代背景的改变而改变，每个时代人们有不同的审美趋向，有不同的审美情趣，与之相适应的食物形态，在不同的时代就有不同的形态。原始社会的原始人更趋向于块状食物，我们今天的中国人更趋向于丝状食物。时代不同，内涵各异。

3.传承性

中国烹饪刀工是文化，文化会一代一代地传承。我们今天所见到的刀工食物形态，是由于历史的积淀作用而形成的。现在的形态是由过去的某种形态演变而来的。我们今天烧菜常用的块状物体，一般是由原始古人创造的某种形态演变过来的。

4.科学性

中国烹饪刀工的对象是食物。食物往往要经过加热后才经人食用。既然要传热，那一定有一个最佳的食物形态来适应相应的传热方式。中国烹饪群体从古至今都有意识无意识地在追求这种最优的食物形态。我们现在烹制菜肴所用的各种形体大小在某种意义上说，已无比接近这种方式。中国烹饪刀工科学水平的高低反映了同时期中国科学技术水平的高低。当今时代，我们很多刀工项目完全可以用机器来切。用机器切出来的效果是人工手切的效果无法比拟的。中国烹饪刀工文化的科学性要与同时代科学技术的水平相一致。中国烹饪刀工文化必须广泛吸收来自不同领域的先进科学文化知识和先进科学技术。

5.技术性

中国烹饪文化跟其他门类的中华文化一样，有一个显著的特征——规范性，这种规范性就表现在中国烹饪刀工文化的食物形状往往有一定的规则要求。比如各种形状的丁、条、丝、片等，都有一定的技术要求，也是体现厨师技术水平高低的依据之一。

6.社会性

烹饪刀工文化是社会生产力水平的反映，一定的社会经济文化水平对应相当的刀工水平。石器时代的刀工水平一定跟石器时代的社会经济文化水平相一致，青铜时期的刀工水平一定跟青铜时期的社会经济文化水平相一致，现代烹饪的刀工水平一定跟现代的社会经济文化水平相一致。

7.实用性

中国烹饪刀工文化是最基础的文化，它与中国人的生活紧密相连，中国烹饪刀工文化必须符合中国人的生理特点。中国烹饪刀工形态的块状形态与大小，一方面要利于传热；另一方面是便于食用，既方便入口，又有优美的进食姿态，体现刀工具的实用性特点。

8.艺术性

刀工体现的结果，还要好看，满足人们对美的追求和艺术享受。如刀工拼摆的花色拼盘、经过刀工处理的热菜造型，用萝卜雕刻的各种花卉、植物和动物的形态等，都成为了一件食物艺术品，无不体现了刀工的艺术性。

三、刀工的基本要求

1.操作姿势正确、规范。

在刀工操作过程中，动作必须自然、优美、规范。用刀的基本方法一般是以拇指与食指捏住刀箍,全手握住刀柄,手心要空,握刀时手腕要灵活而有力。一般用小臂和手腕的力量,控制原料的手,随刀的起落而均匀地向后移动。刀的起落高度,一般刀刃不能超过控制手中指的第一骨节。总之,控制手持物要稳,持刀手落刀要准,两手的配合要紧密而有节奏。

  刀工是比较细致而且劳动强度较大的手工操作,除了平时注意锻炼身体,保证健康的体格,有较耐久的臂力和腕力,还要有正确的刀工操作姿势。刀工的基本操作姿势,主要从既能方便操作,有利于提高工作效率,又能减少疲劳,有利于身体健康等方面来考虑。正确的操作姿势,一般情况下,操作时应两脚自然分立站稳,上身略向前倾,前胸稍挺,不要弯腰曲背,精神集中,目光注视菜墩上两手操作的部位,身体与菜墩应保持一定的距离,菜墩放置的高度应以方便操作为准。

  2.密切配合烹调方法。

  刀工一般情况下是与配菜同时进行的,也就是边切边配,可以说刀工是烹调前的最后一道工序,原料成形是否符合要求,直接影响着菜肴的质量,如炒、爆、氽等烹调方法,所采用的火力强、加热时间短,成品要求脆嫩或滑爽,就要注意将原料加工得薄小一些;过分厚大就不易成熟。反之,如果是烧、炖、煮、煨等烹调方法,采用慢火,加热时间较长,成品要求酥烂、入味,原料形状就要厚大一些,如果原料的形状过分薄小,就容易碎烂甚至成糊状,既影响质量和美观,也影响食用。所以,刀工要密切配合烹调,适应烹调的需要。

  3.刀法运用恰当,力求整齐划一、大小均匀、清爽利落。

  在刀工操作过程中,各种刀法必须运用恰当,同时还要掌握好各种刀法的操作要领。由于原料有脆、韧、松、软、硬、有骨和无骨等区别,刀工处理过程中所采用的刀法也应有所不同。一般情况下,脆性原料采用直刀法中的直切加工,韧性原料采用推切、拉切或锯切加工,硬的或带骨的原料采用剁的刀法加工。

  经过刀工处理的各种原料,无论是将原料切成丁、丝、条、块等何种形状,都必须大小相同、厚薄均匀、长短整齐、粗细相等,不可参差不齐。如果大小不等,厚薄不均,烹制时小而薄的原料已熟,大而厚的原料还生,调味也难均匀,这样就会影响菜肴的质量。不但会影响成品的美观,而且还会造成成熟度不一致,所以在进行刀工操作中,不论是条与条之间、丝与丝之间、块与块之间,都不能有连接,不允许出现肉断筋不断,或似断非断的现象。否则同样影响菜肴的质量,也影响菜肴的美观。

  刀工要达到整齐、均匀、利落,除了加强基本训练外,还必须注意:(1)刀刃无缺口,随时保持锋利。(2)墩面要平整,切忌凹凸不平。(3)运刀用力要均匀,切勿前重后轻,先用力后松劲。

4.合理用料。

合理使用原料，是整个烹调工艺流程中的一条重要原则，刀工操作过程中更应遵循。主要应掌握计划用料，合理搭配，大材大用，小材小用，落刀成材，以达到物尽其用。特别是将大料改小时，落刀要心中有数，务必使各档原料都能得到充分利用。

5.符合卫生要求。

在刀工操作过程中，从原料的选择，到工具、用具的使用，都要做到清洁卫生，生熟原料要分墩、分刀进行，做到不污染、不串味，确保所加工的原料清洁与卫生。

四、刀工的作用

刀工不仅能改变和决定原料的形状，而且对菜肴制成后的诸多方面都起着重要的作用。

1.便于成熟

烹饪原料品种繁多，形态、质地各异，烹调方法多样，制作特点各不相同。刀工要因料而宜，因烹调方法而决定所加工原料的形状。大型整只的原料只有通过刀工处理，才能形成整齐划一的较薄小的形状，才能便于成熟，并能保证各种原料成熟度的一致，较好地突出菜肴的风味特色。

刀工处理必须服从菜肴烹制所采用的烹调方法，不同的菜肴切的大小薄厚是不一样的，例如炒菜就要用猛火，时间短，入味快，原料就要切得小点薄点。炖菜、焖菜就要使用慢火，时间较长，原料需要切得大一些和厚一些，刀工处理要适合烹调的需要。

2.便于入味

许多烹饪原料，如不经过刀工的处理，烹调时调味品的滋味就不容易渗透到原料内部。只有通过刀工处理，将原料由大改小，由厚改薄或在原料表面剖上一定深度的刀纹，调味品才可能迅速渗入到原料内部，使其成品口味均匀、一致。

3.便于食用

中餐取食历来就有"横竖入口"的说法，中餐的取食工具主要是筷子或汤匙，因此，形状过大的原料食用起来是不方便的，如整头的猪、牛、羊，整只的鸡、鸭、鹅等，不经刀工处理而直接烹调，食用时就很不方便，而经过去皮、剔骨、分档、切、片、剁、剖等刀工处理后再烹调，或烹调后再经刀工处理，食用时就方便多了。

4.整齐美观

刀工能把各种不同形状的原料加工得整齐美观，各种原料形状规格一致，整齐划一，长短相等，粗细厚薄均匀，看上去清爽、利落，外形美观，诱人食欲。至于花色菜肴，更显出刀工的作用。所谓"欣赏出食欲"，就是赞美刀工美化原料形态的技艺,如在某些原料表面划上一些不同深度的刀纹,经加热后,就能形成各种不同的美丽的花色形态。或将原料切割成各种动、植物形态,如花草、飞鸟、鱼虫等,从而使菜肴的形态更加美观。

5.物尽其用

原料经巧妙的刀工处理后,能弥补其形状不规格的缺陷,使得物尽其用,节约原料;做到大材大用,小材小用,需要巧妙合理安排,合理利用,特别是大料改制小料时原料只选其中的某些部位,例如,锅包肉改刀时只选经瘦肉,其他剩余的原料就需要合理利用,适合炖菜用的炖菜用,适合炒菜用的炒菜用,要巧妙合理安排,不能浪费。

第二节 刀具的使用

刀，作为一种常用的生产生活用具，不是冶炼业出现之后才有的东西，石器时代，为了砍伐树木，切割兽皮等，古人类就用石头、蚌壳、兽骨打制成各种形状的刀，但是没有名称。刀可用作武器，也是生活中不可缺少的烹饪用具。他们选用的石头、蚌壳和兽骨磨制各种不同形状的刀，说明部族中早就出现不具名、不专业的刀工。刀具除了切割、割剥、砍伐等作用外，还具备刻画、雕琢等多种功能。

随着人类文明的进步，青铜刀、铁刀、钢刀、不锈钢刀，甚至是近年流行的陶瓷刀，这些工具刀陆续出现在人类的厨房中，伴随美食文化的发展，从单纯的烹饪工具，日渐演变成兼具使用和艺术价值的家居用品。厨刀的分类和功能也越来越细化，从一把厨刀打天下的时代，发展成为今天专刀专用的组合刀具时代。

刀若不利，其割不正，则鲜不能出、味不能入、镬气不能足。可见厨刀在食材处理中的重要性。

一、刀具的种类及用途

中餐烹调所使用的原料种类繁多，性质各异，有的带骨，有的带筋，有的韧性较强。有的质地脆嫩，另外中餐烹调所使用的烹调方法多样，有的需小火长时间加热，有的需旺火速成。只有了解和掌握好各种类型刀具的不同性质和用途，才能根据原科的不同性质和不同的烹调方法选用相应的刀具，将不同性质的原料加工成整齐、美观、均匀一致，适应于烹调要求的形伏。

国产菜刀里，主要有不锈钢刀与碳钢刀：碳钢刀老百姓俗称"铁刀"，锋利度高，但是容易生锈，比较难打理。不锈钢刀是在碳钢刀的基础上，增加了防锈、防腐蚀性的铬、钼、钒等元素，所以外观更加干净、美观，不易生锈，打理比较简单，高硬度钢材的锋利度，比如8铬、9铬、大马士等，甚至超过碳钢刀。

刀具的种类繁多，较为常见常用的有切刀、片刀、砍刀、尖刀、烤鸭片刀、整鱼出骨刀、羊肉片刀、馅刀、剪刀、镊刀、刮刀、雕刻刀等。

1.斩切刀（前切后砍刀）：

刀身略宽，长短适中，应用范围较广，既能用于切、片、剁等加工片、条、丝、丁、末、块、蓉泥等原料形状，又能用于加工略带碎小骨或质地较硬的原料，应用较为普遍，是厨用刀中体积重量介于砍刀和片刀之间的一种刀具。斩切刀是一种既可切又可砍的刀具。斩切刀刀身厚度一般为2.5~3mm，刀刃开锋角度15~20度角，较厚的刀身设计保证了斩切刀在砍骨时所需的强度，而锋利的刀刃可以在切片时游刃有余。斩切刀较为科学地使用是前切后斩（前指刀头，后指刀根）。将刀刃后部用于砍切的主要原因是这样可以让刀身前半段的重量加在斩切部分从而使得在砍骨时更为方便省力。总的来说，斩切刀的用法和切片刀基本一致，只是要注意用斩切刀砍骨时不要去砍较大、较硬的骨头，斩切刀主要适用于砍切，如鸡脚、排骨等中小类骨头（图4-1）。

2.片刀

片刀的特点是重量较轻，刀身较窄而薄、钢质纯，刀口锋利，使用灵活方便，主要用途是加工片、条、丝等原料形状，其主要功能是对肉、禽、鱼、蔬菜等生熟食品进行切片、切段、切丝等。由于切片刀是对食物进行形状加工，同时需要反复的、大量的操作，因此切片刀的刀身较薄，刀口锋利，以便操作者在进行大量切割时也能保证切割后食物形状的完整、均匀，还可以尽量减少因长时间操作给操作者带来的疲劳与不便（图4-2）。

3.砍刀

砍刀刀身比切刀长而宽、重，刀背呈拱形，目前行业内也有使用一种外形似板斧的砍刀，是厨用刀具中体积和重量最大的一种。主要加工带骨或质地坚硬的原料，如砍猪头、鸡、鸭、鹅、排骨等，是一种专用刀具。砍刀一般较为厚重，目的是在剁切骨头时使操作者方便、省力；砍骨刀的刀刃开锋角度为25~30°。在使用砍骨刀时建议使用者在握刀时虎口正对刀背，食指拇指捏紧刀柄前段，其余手指与掌心紧握刀把后段，用手腕关节发力，保持90°，尽量用刀根刃口部斩切骨类，这样便于在砍骨时更好地发力，同时不会震伤虎口或者造成刀具脱手。在用刀砍骨肩部、上臂应向肢窝夹收，肘部向躯干内收，手腕放松，持刀垂直下落。刀刃与骨头的最佳受力角度为90°，这样下刀可使刀刃在砍骨过程中不会左右晃动以致刀刃受损（图4-3）。

图4-1 切刀　　图4-2 片刀　　图4-3 砍刀

4.尖刀

刀形前尖后宽，基本呈三角形，重量较轻，多用于剖鱼和剔骨，还有一种刀刃略长的尖刀，在西餐制作中使用较多（图4-4）。

5.烤鸭刀（也叫小片刀）

状和片刀基本相似，区别在于刀身比片刀略窄而短，重量轻。刀刃锋利。专用于片熟烤鸭肉(图4—5)。

6.剪刀(剪子)

用于加工整理鱼、虾类原料,如剪须和鱼鳍等(图4—6)。

图4—4　尖刀　　　图4—5　烤鸭刀　　　图4—6　剪刀

7.羊肉片刀

重量较轻,一般500克左右。特点是刀刃中部呈弓形。刀身较薄,刀口锋利,是切涮羊肉片的专用刀具。目前行业内多使用电动刨刀(图4—7)。

8.镊子刀

刀身长约20厘米,前半部分是刀,呈三角形;后半部分是镊子,也是刀柄部分。主要用于对原料的初步加工,刀可用于割、剖、刮等,镊子部分专供摘毛(图4—8)。

9.刮刀

体形较小,刀刃不甚锋利。多用于刮去菜板上的污物,另外还有专用于鲜鱼除鳞植物性原料去皮的专用刮刀(图4—9)。

　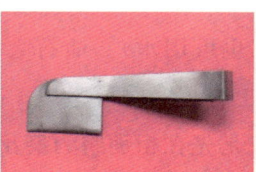　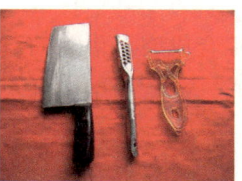

图4—7　羊肉片电动刨刀　　图4—8　镊子刀　　图4—9　刮刀

10.雕刻刀

用于食品雕刻的专用工具。种类很多,多由用者自行设计制作。在食品雕刻章节中有详细介绍,此处不赘述(图4—10)。

11.整鱼出骨刀

刀身长约35厘米,宽约2厘米,刀头前部较锋利,是整鱼出骨的专用刀(图4—11)。

12.削皮刀

刀长6～10cm之间。主要是负责给果蔬去皮以及雕花用的,同时还可以处理一些细致琐碎的东西(图4—12)。

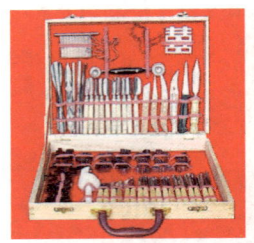 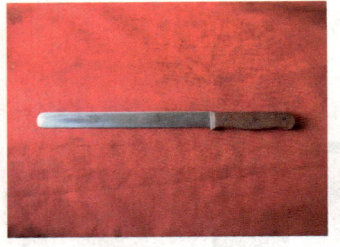 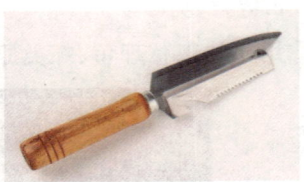

图4—10　雕刻刀　　　图4—11　整鱼出骨刀　　　图4—12　削皮刀

二、磨刀技术

1.磨刀的工具

常用的磨刀石总体上有粗磨刀石、细磨刀石两种。还可细分为天然雕凿磨石和人工合成磨石。

（1）天然雕凿磨石

磨刀有专用的磨刀石，天然雕凿磨石是由天然黄沙石料或天然青石石料雕凿而成。天然黄沙石料雕凿的磨石，俗称粗石，其主要成分是黄沙，质地松而粗，但沙石坚硬，多用于新刀开刃，或将有缺口的刀刃磨平。天然青石石料雕凿的磨石，俗称细石，其主要成分是青沙石，青沙石颗粒细腻，质地坚实，易将开过刃的刀磨快且不伤刀刃，应用较多。

（2）人工合成磨石

人工合成磨石俗称油石（也可用水）。油石大小一般有固定尺寸，可根据需要灵活选购。油石为金刚砂人工合成，质地坚硬，一般分为上下两面，即粗面和细面，使用方便。磨刀时，一般是先在粗面将刀磨出锋口，再在细面上将刀磨快。这样二者结合，既能缩短磨刀时间，又能提高刀刃锋利程度。

2.磨刀方法

磨刀前先要把刀面上的油污擦洗干净，再把磨刀石安放平稳，以前面略低，后面略高为宜，磨刀石旁边放一碗清水。磨刀时，两脚自然分开或一前一后站稳。胸部略微前倾，一手持刀柄，一手按住刀面的前段，刀口向外，平放在磨刀石石面上，然后在刀面或磨刀石石面上淋水，将刀面紧贴磨刀石，后部略翘起，前推后拉。用力要均匀，视石面起沙浆时再淋水，将沙浆冲掉，刀的两面及前中后部位都要轮流均匀磨到。两面磨的次数及力度基本相等，只有这样才能保持刀刃平直、锋利。磨完后洗净擦干刀面，后将刀刃朝上，放在眼前观察，如果刀刃上看不见白色的光亮，表明刀已磨好。也可将刀刃轻轻放在菜墩上，以刀自身重量前推或后拉，如有涩的感觉，即表明刀口锋利，反之，还要继续磨。

磨刀时右手握紧刀柄，左手手指轻稳压住刀面，沿顺时针方向运动。磨刀手势与方法:右手握稳刀把,左手按在刀面上,握紧刀体,手指靠紧刀背,稍微使劲往下压,保持同一个角度,放平往前一推(前段),拉后再往前一推(中段),拉回来再往前一推(后段),用力均匀分为前、中、后三段反复磨,千万记住,前、中、后每一段的复磨都要保持同一个角度。磨刀石表面应保持湿润。刀面与磨刀石表面应保持稳定不变的角度,刀面上的石屑会提示你相应的角度。刀面回拽时左手手指不要加力,那样易于造成反口。磨刀时逐渐减压会使刀刃变得精致锋利。另一面也应按顺时针方向来回磨。

在复磨的过程当中,会听到磨刀石跟刀刃摩擦的声音,如果声音不杂乱,比较清晰,就说明已经把刀的钝口磨利了(因为钝的刃口跟磨刀石摩擦的声音是比较杂乱的)。但要谨记,千万别把菜刀平放在磨刀石上(除了特殊工艺做的怪刀),这样是磨不快刀的。

把用钝的菜刀,先放在盐水中泡20分钟,然后再磨,边磨边浇盐水.这样既容易磨,磨得锋利,又可延长菜刀的使用寿命。以菜刀为例,做好磨刀。

(1)磨刀前的准备工作

①先观察刀刃:将刀刃朝向眼睛,使刀面与视线成30°角。你会看到刀刃上有一段弧——白色的一条刀刃线,表示刀已经钝了。

②准备磨刀石:一定要准备一块细腻的磨刀石。如果刀刃线较粗大,还要准备一块粗糙的磨刀石,用来快速磨刀。如果没有固定的磨刀架,可以找一块厚布(毛巾类)垫在磨刀石下面。在磨刀石上浇一些水。

(2)开始磨刀

①先磨内刃面。使菜刀与磨刀石成15~20°角(一根手指高度)。来回磨刀时,保持此角度基本不变。每磨几十下,按照上述的方法观察刀刃,直到刀刃线很小为止。如果继续磨刀,会使刀刃卷曲,刀刃线加大。

②再磨外刃面。使菜刀与磨刀石成15~20°角(外刃面保证被切掉的菜能够顺利地与菜刀分离,但也不宜太大)。来回磨刀时,保持此角度基本不变。每磨几十下,按照上述的方法观察刀刃,直到刀刃线很小为止。如果继续磨刀,会使刀刃卷曲,刀刃线加大。

③精磨。换细腻的磨刀石。按照上述的步骤磨刀。磨到以下结果为止:

A 刃面上看不到粗磨的痕迹,刃面光亮。

B 用手顺着刃面摸刀刃,刀刃无卷曲(不卷口)。

C 按照上述方法观察刀刃,直到刀刃线很小,几乎看不到刀刃线。至此,一把菜刀就磨好了。刃面角度的大小依个人的切菜经验而定,一般情况下,用来切片的菜刀内刃面尽可能平一些较好。

第三节　刀法

一、刀法的概念

刀法是使用刀具的各种方法，也就是将烹饪原料加工成一定形状时所采用的各种不同的运刀技法。

各种刀法能否熟练运用，是体现刀工技术好坏的主要标准，只有熟练地掌握和运用各种刀法，才能使刀工达到准、快、巧、精、美的要求。刀法是我国烹调师在长期的实践中根据原料的性能、形态以及烹调的具体要求逐步探索积累而成的。随着烹调技术水平的不断发展和提高，刀法也将不断改进。通过学习，不但要求正确地掌握和运用各种刀法，而且要求在技能熟练的基础上不断丰富其内容和提高技术水平。

二、刀法在烹饪中的作用

1. 形象性

各种不同的刀法，可以创作出千姿百态、生动形象的各种形态，如丁、丝、条、片、块、玉兔、蝴蝶、秋叶等，就是通过不同的刀法，使烹饪原料改形，通过不同的烹调方法制熟入味，从而体现出中国烹饪的形与意。

2. 艺术性

刀法本身就是一门艺术，运用不同的刀法，将极普通的原料加以修饰，呈现在食客面前的实际上是一幅幅珍贵的菜肴艺术品，特别是花色拼盘、食品雕刻等，所以说"刀法实际上是技术与艺术的结晶"。

三、刀法的种类及要求

刀法的种类很多，各地的刀法名称和操作要求虽有差异，但基本方法和要求是一致的。操作时，根据刀刃与菜墩或原料接触的角度，可以把刀法分为直刀法、平刀法、斜刀法、剞刀法、其他刀法五类。常用的具体刀法有切、片（批）、剁、剞等。

（一）直刀法

是指刀刃与菜墩或原料接触成直角的一类刀法。按照原料的质地不同，所用力的大小的程度，分为切、剁、砍等。

1.切

一般用于无骨的原料。操作要领是将刀对准原料,由上而下垂直切下去,由于无骨的原料也有老、嫩、脆、韧的区别,故在切时又有许多不同手法。根据刀的运行方向和力度大小,主要有以下几种具体切法。

(1)直切:又称跳切,这种方法一般用于加工脆性原料,如萝卜、莴苣、黄瓜等。要领是,左手按稳原料,右手持刀,一刀一刀垂直地切下去(图4-13)。

直切的具体要求是:

①左右两手必须协调配合,切时左手手指自然弯曲呈蟹爪状按稳原料,中指第一关节抵住刀身,随刀的运行,手指自然向后移动;右手执刀以左手向后移动的距离为标准,将刀紧贴着左手中指指背下切,左手向后移动的距离是否均匀,是决定原料大小、厚薄均匀与否的关键,因此,必须注意随时做左手向后移动的练习。

②右手持刀向左边移动边切,这种移动乃是一种连续而有节奏的间歇运动,即移动一点,切一刀。再移动一点,再切一刀,每次移动的距离不能忽宽忽窄,那样会造成原料形状不整齐,不均匀。

③下刀应垂直,刀刃不能向内或向外偏斜。

(2)推切:一般用于比较薄小的原料,这些原料如用直切刀法容易破碎散裂。推切的操作方法是,刀刃垂直向下,由里向外推动下去,着力点在刀的后端。一刀推到底不再拉回来。切猪肉丝、熟肥肉、百叶等都适宜用推切法(图4-14)。

(3)拉切:这种刀法一般用于切质地略带韧性的原料。拉切的操作方法是刀刃垂直向下,由外向里拉,刀的着力点在前端。例如切肉片,往往叫拉肉片。有时拉切与剁结合运用,先直剁再向里拉切,也叫剁拉切,如切鸡丝等(图4-15)。

(4)锯切:又称推拉切,适用于切质地松散的原料。例如切涮羊肉、回锅肉、火腿、面包等。锯切的操作方法是先将刀向前推,然后再向后拉,这样一推一拉,像拉锯一样切下去(图4-16)。

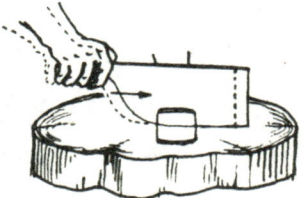

图4-13 直切　　　　图4-14 推切

锯切的具体要求是:

①落刀要直,不能偏里或偏外。如果落刀不直,不仅切下来的原料形状厚薄不一,而且还会影响到以后的落刀部位。

②落刀不能过快,用力也不能过重,应先轻轻锯拉数下,待刀切入原料一半或

三分之二左右时,再用力切下去。

③锯切时左手要按稳原料,一刀未切完时手不能移动,因刀要前推后拉,若移动,落刀就会失去依据。

(5)铡切:

铡切有两种切法,一种是:切时右手握住刀柄,并使刀柄高于刀的前端,左手按住刀背前端使之对着墩,并将刀刃的前部按在原料上,然后对准要切的部位用力向下压切下。另一种是:右手握住刀柄,将刀放在原料要切的部位,左手握住刀背前端,两手交替用力压切下去。还有一种类似铡切的方法,右手握住刀柄,将刀刃放在原料要切的部位上,左手掌用刀猛击刀背,使刀切下去(图4—17)。

铡切刀法通常适用于带壳的或体小形圆易滑,以及略带较小骨头的原料,如切螃蟹、烧鸡、盐水鸭、带壳的蛋类等。

铡切的具体要求是:

前一种切法,要将刀对准要切的部位,并且不使原料移动,压切时动作要快,做到干净利落,一刀切好,以保持原料整齐,并且不使原料内部的汁液滋出。后一种切法除上述要求外,还要求两手用力。

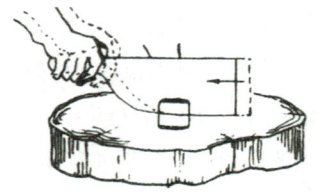
图4—15 拉切

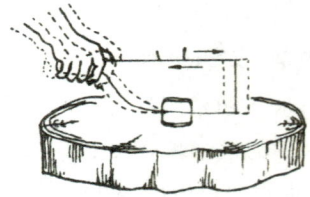
图4—16 锯切

(6)滚切:滚切是在刀的运行中将原料滚动,所以也叫滚料切。每切一刀,将原料滚动一次.然后再切再滚动。滚切主要是把圆形或腰圆形的、质地爽脆的原料切成"滚料块"时使用的刀法,如切萝卜、土豆、山药、胡萝卜、笋等(图4—18)。

滚切的具体要求是:

左手滚动原料的斜度要适中,右手紧跟原料的滚动将刀以一定的角度切下去。这种刀法可以切成多种多样的块,如剪刀块、瓦楞块、木梳背块等。关键是在切同一种块形时刀的角度应基本保持一致,这样才能使切下来的原料大小划一。

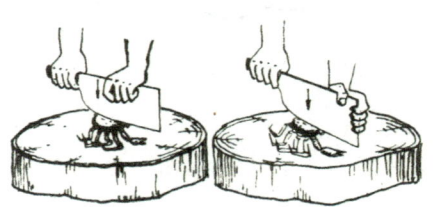
图4—17 铡切

图4—18 滚切

以上是切的几种方法。如果要真正熟练地运用这些方法，平时就要刻苦练习。练习的方法很多，如在不使用原料的情况下，可用左手按在墩上，和持物姿势一样，右手中指指背抵住刀膛，右手持刀，随着左手的后移，一刀一刀地切下去，也可在墩面上垫上纸条，观察刀距离是否均匀。此外，在切原料时，还要根据原料的性质、纤维纹路而采取顺切、横切、斜切等不同的切法。例如，牛肉的纤维较粗，采用顺丝切，就不易烹调出软嫩酥烂的菜肴，如果与纤维纹路成直角横切，就可把纤维及韧带切断，烹制成熟后就不觉老硬了。

2. 剁

剁是将无骨的原料制成蓉泥状的一种刀法。主要用于制馅和丸子等。剁有单刀剁和双刀剁两种。为了提高工作效率，通常左右两手各持一刀同时操作，这种剁法也叫排剁，而单刀剁也叫作直剁。

(1)排剁：一般适用于将无骨软性的原料加工成蓉泥状，两刀之间要间隔一定的距离。操作时两刀一上一下，从左到右、从右到左地反复排剁，每剁一遍要翻动一次原料，直至原料剁成细而均匀的蓉泥。如遇天冷，可以将刀放在温水中浸一浸再剁，以免黏刀(图4—19)。

(2)直剁：一般适用于较硬而带骨的原料。剁时左手扶稳原料，右手将刀对准要剁的部位，用力直剁下去，要一刀剁断，才能保持原料整齐，若再复剁第二刀，就很难照原来的刀口剁下去，这样不仅影响原料形状整齐，而且可使原料带有一些碎肉碎骨，影响菜肴质量。因此，直剁要准而有力，一刀剁到底(图4—20)。

图4—19) 排剁　　　　　图4—20 直剁

3. 砍

砍通常用于加工带骨的或者质地坚硬的原料。砍的操作方法是右手紧握刀柄，对准要砍的部位，用力砍下去。砍有直砍、跟刀砍、开片砍等几种。

(1)直砍：将刀对准原料要砍的部位用力向下直砍。一般多用于带骨的动物性原料(图4—21)。

直砍的具体要求是：

①要用臂膀的力，这与要用腕力的切不同，用的力要比切大。

②原料要放平稳，左手持料应离落刀点远一些，以防砍伤。

③砍时要把刀柄握紧，最好一刀砍断。

(2)跟刀砍：凡一刀砍不断，须连砍数刀方能砍断的，叫跟刀砍（图4-22）。

跟刀砍的具体方法是：对准原料要砍的部位先直砍一刀，将刀嵌进原料要砍的部位，然后左手扶稳原料，随着右手上下起落直至砍断原料。跟刀砍时，刀必须稳稳地嵌在原料上，不能使其脱落，否则容易发生砍空或伤手等事故。

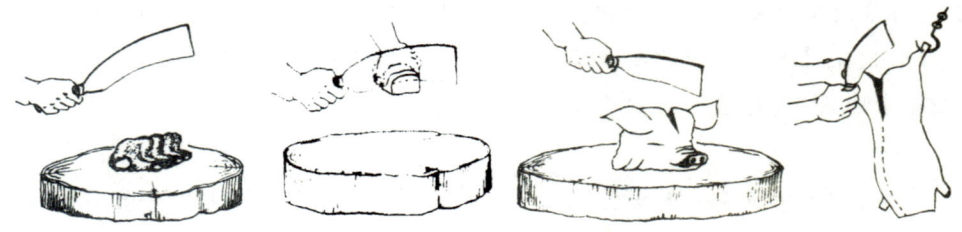

图4-21 直砍　　　图4-22 跟刀砍　　　图4-23 开片砍

(3)开片砍：这种砍法一般适用于大型整只的动物性原料，如猪、羊等。砍时将整只猪、羊后腿分开吊起来，先用刀在背部，从尾至头将肉割至骨头，然后顺脊骨开片砍到底，使其分为两半（图4-23）。

(二)平刀法

平刀法（又称片、劈）是刀面与墩面或原料平行或接近平行呈水平运动的一种刀法（图4-24），一般用于加工无骨、富弹性、强韧的原料或者软肉的原料或经煮熟后柔软的原料。其操作方法是将刀平着劈进原料，而不是从上而下地切入。可分为推刀片、拉刀片、平刀片、抖刀片、平刀滚料片等几种具体的方法。

1.推刀片

是使刀面与墩面或原料接近平行。然后由里向外将刀刃推入原料的方法。这种片法一般适用于加工较脆的原料。如片茭白、冬笋、榨菜等（图4-25）。

推刀片的操作方法是：

左手按稳原料，右手执刀，放平刀身，使刀面与墩面或原料接近平行。然后由里向外将刀刃推入原料。

推刀片的具体要求是：

(1)按原料的左手不能按得太重，以使原料在片时不致移动为度，随着刀刃的推进，左手手指可稍翘起。

(2)按住原料的左手，其食指与中指应分开一些，以便观察原料的厚薄是否符合要求。

2.拉刀片

是使刀面与墩面或原料接近平行，刀刃片进原料后是向里拉进去。这种片法一般适用于略带韧性的原料，如片各种肉片等。

拉刀片的操作方法是：左手按稳原料，右手执刀，放平刀身，使刀面与墩面或原料接近平行，刀刃片进原料后不是向外推，而是向里拉进去。拉刀片的要求基本与推刀片相同，不同之处只是刀在片进原料后的运动方向与推刀片相反。

3.平刀片

平刀片是将刀身放平，使刀面与墩面或原料几乎完全平行，沿刀刃所指方向一刀片到底的一种刀法。适用于无骨的软性原料，如豆腐、肉冻、熟猪血等（图4-26）。

平刀片的具体要求是：

①刀的前端要紧贴墩的表面，刀的后端略微提高，以控制原料所需要的厚薄。

②刀刃要锋利，先将刀慢慢推入原料，再一刀片到底。

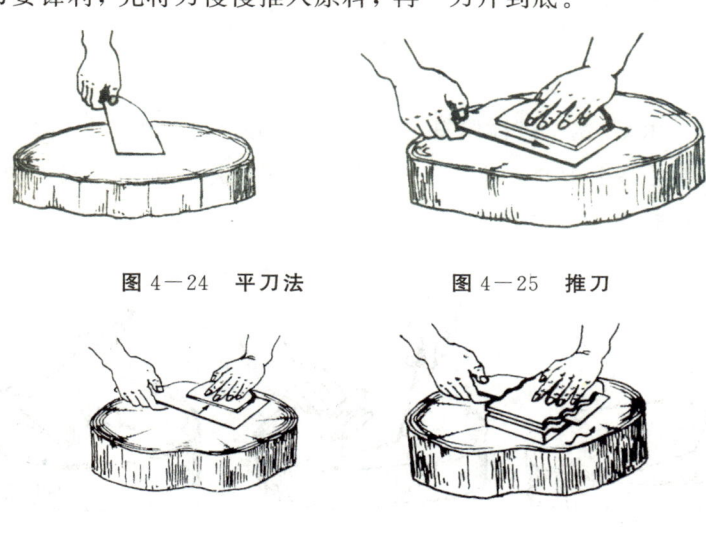

图4-24　平刀法　　　　　图4-25　推刀

图4-26　平刀片　　　　　图4-27　抖刀片

4.抖刀片

适用于柔软而略带脆性的原料，如豆干、松花蛋、腰片等（图4-27）。

抖刀片的方法是左手按稳原料，右手执刀，刀刃切进原料后将刀前后移动，同时上下均匀抖动，使刀在原料内呈波浪式地推进，直至抖片到底。抖刀片的作用是美化原料的形状。

5.平刀滚料片

是指刀面和墩面先垂直后平行，从左向右运行原料从左向右不断地滚动，最后片下原料的方法，根据其进刀的位置不同，平刀滚料片分为滚料上片和滚料下片。

(三)斜刀法

斜刀法是刀面与墩面或原料接触形成斜角的一种刀法。一般适用于软质、脆性或韧性而体积小的无骨原料。如鸡片、肉片、腰片、鱼片、肚片、片白菜。

具体方法主要有斜刀片和反刀片两种(图4-28)。

1.斜刀片

一般适用于质软、脆性或韧性而体形较小的无骨原料,如片各种肉片、腰片、鱼片、肚片和片白菜等都可以采用。斜刀片的操作方法是:用左手手指按稳原料左端,右手持刀,刀面呈倾斜状,片时刀背高于刀口,使刀刃以原料表面靠近左手的部位向左下方运动,斜着片入原料。这样片成的片或块形成斜面,面积就较横断面略大一些。此种片法也称磨刀片,加工成的原料形状就叫磨刀片(图4-29)。

2.反刀片

这种片法一般适用于脆性的原料。如脆肚等。

反刀片的操作方法是:刀背向里,刀刃向外,刀身微呈倾斜状,刀切进原料后由里向外运动(图4-30)。

反刀片的要求是:左手按稳原料,右手持刀,并以左手中指上部的关节抵住刀身,使刀紧贴着左手中指的关节片进入原料,左手向后移动时其间隔应基本相同,以使片下来的原料大小厚薄一致。

图4-28 斜刀法　　图4-29 斜刀片　　图4-30 反刀片

(四)剞刀法

剞,也称为混合刀法,就是在被刀技加工的某一形体烹调原料上,运用斜刀与直刀两种刀法进行改刀,进而使被改刀后的原料生成各种美观的花形,行话称此刀法为剞。剞的含义是用刀切至原料有一定深度,但不能切断。

剞刀法是以直刀法和斜刀法为基础。剞刀,有雕之意,所以又称剞花刀。剞刀是采用几种切和片的技法,对原料进行切、片,形成不断、不穿的规则刀纹,刀纹的深度应根据原料的性质、成形要求及具体用途而定。一般情况下,进刀深度为原料厚度的三分之二或四分之三左右。剞的主要目的是使原料在烹制时易于入味,可以在用旺火短时间烹调时迅速成熟而保持原料的质地脆爽或鲜嫩,并可使原料在加热后形成各种不同的美丽形状,给人们以快感和艺术享受。

1.剞的作用

(1)加大了原料受热面积,使剞后的原料在加热时加快成熟速度,进而保持菜品脆嫩的口感要求。

(2)加大了原料的着味面积,使菜肴尽快着味。

(3)使原料加热后卷曲成各种美观的形,增加食欲。

驰名中外的"爆鱿鱼卷""炒腰花""油爆双脆""菊花里脊""松鼠鳜鱼"等菜肴都是运用剞刀法烹调出来的精品。

用剞刀法,改刀原料的选择性很强,主要是选取含水分较多的动物性脆嫩性质的原料。如家禽的胗、肝,家畜肉的外脊及下水中的腰、肚,海产品中的鱿鱼、墨鱼或新鲜、肉厚、刺少的鱼类(淡水鱼为主)。

2.剞刀注意事项

(1)要清楚原料纤维纹路的形状。虽然剞刀法适应以上所指出的原料,但因原料的种类和原料具体的纤维组织结构不同,如果不清楚所剞原料纤维纹路盲目改刀,就达不到预期的目的。整体上讲,适应剞刀法的原料分两类。一类是有固定卷曲方向的,如猪腰、鸭胗、猪牛的里外脊和新鲜的鱼类。就拿定向卷曲的鲜鱼与不定向卷曲的猪脊肉比较来看,各自的纤维结构和纹路截然不同,经剞刀加热后卷曲的方向和收缩程度绝不会一样。鱿鱼是由头尾向中间卷曲,这是由于鱿鱼从头至尾纵形纤维素比两侧横形纤维素粗、多、有劲、拉力大的缘故。对定向卷曲鱿鱼、墨鱼的改刀,只能顺其自然的纤维纹路进行,才能使被剞后的原料生成自然美观的花形。猪里脊纵横之间纤维素分布基本平衡,这就决定了它属于不固定卷曲性质的原料,其改刀后卷曲方向和程度要靠剞刀的深度和角度进行确定。

(2)依据原料的形状及改刀后花形要求进行剞刀,使剞后的原料既要形状完整美观,又要符合烹调的要求。如鱿鱼、墨鱼适宜剞荔枝、麦穗花刀,鸡、鸭胗适宜剞菊花花刀,猪肚仁适宜剞核桃花刀,猪腰子适宜剞麦穗和双鱼鳃花刀,猪、牛里外脊、鳜鱼、鲤鱼、草鱼等适宜剞菊花和麦穗花刀。如果对以上问题没搞清楚就改刀,其结果必然是剞出的花形,达不到良好的效果。

(3)要把握住剞刀的刀距、深度和角度。

剞花刀的刀距是根据原料大小、厚薄、花形不同来确定的。对于要改成菊花、荔枝、核桃花形的原料,一般要求是斜刀与直刀的刀距相等,相互对称;而改成麦穗花形的刀距则是斜刀要比直刀稍宽些,这些才能使剞出的麦穗花形逼真。

剞花刀的深度是指剞进原料的深度而言。剞入原料4/5深度为最佳。改刀后原料遇热花形卷曲得就更加清晰、大方。剞花刀的角度是指两个方面:一是指刀的斜度。一般来讲,剞时的起刀先从斜刀开始,第二刀用直刀剞。斜刀剞的基本要求是刀刃与墩子成40°角,具体的斜刀角度还要根据原料厚薄度确定。如料厚,斜刀的角度稍微小些,其目的是防止花丝过长;较薄原料在运用斜刀时刀要适当放平些,其目的是增加花丝的长度。二是指斜刀与直刀两刀之间相交的角度。一般来讲，菊花、荔枝、核桃等花形改刀要求斜刀与直刀相交的角度以90°为宜，而麦穗花刀则要求两刀相交的角度以75°为恰当，用这个角度剞出的花形受热后看不出明显刀纹，形状自然。

剞的要求是：在原料表面剞的刀纹要深浅一致，距离相等，整齐均匀，互相对称。在具体操作过程中，由于原料成形要求和剞的次数不同，可分为一般剞法和综合剞法两大类。

3. 剞的方法

（1）一般剞法

一般剞法也称为单一剞法，就是只采用一种剞法即可达到原料成形的要求。在具体操作过程中，由于运刀方向和角度的不同，常用的一般剞法主要有以下几种：

直刀剞：具体操作与直刀切相似，只是不将原料切断而已。

推刀剞：具体操作与推刀切相似，只是不将原料推切断开而已。

拉刀剞：具体操作与拉刀切相似，只是不将原料拉切断开。

斜刀剞：也称为抹刀剞，具体操作与斜刀片相似，只是不将原料片断。

反刀剞：属于斜刀法中的一种，操作时刀刃向外，刀背向内，具体方法与反刀片相似，只是不将原料片断。

（2）综合剞法

各种剞刀法，除了单独加工原料使其成形，还经常综合运用，同时加工一种原料形状，也就是直刀法和斜刀法综合运用，在行业中称为混合刀法，也叫刀工美化或花刀。

所谓刀工美化，就是使用混合刀法，在原料表面剞一些有相当深度的刀纹，经过加热，使之卷曲成各种不同的美丽形状。原料经过加工美化后，根据成形状态不同，花刀可分为多种，常用的主要有：麦穗形花刀、荔枝形花刀、梳子形花刀、蓑衣形花刀、菊花形花刀、卷形花刀、柳叶形花刀、球形花刀、蜈蚣形花刀、佛手形花刀、网眼形花刀、百叶形花刀等。各种花刀的具体操作，后面结合原料形态美化一并介绍，在此不赘述。

（五）其他刀法

所谓其他刀法，是指直刀法、平刀法、斜刀法、制刀法几类刀法以外，而在刀工中又有使用的一类特殊刀法。较为常用的有以下几种。

1. 斩

一般用于加工畜、禽等肉类带筋的原料，操作时，刀尖接触原料，将筋斩断，而保持原料的整形，以增加原料的松嫩感。

2.剔

一般用于去骨、分档取料等。操作时,刀路要灵活,下刀要准确,随部位不同交叉使用刀尖、刀根,分档正确,取料要完整,剔骨要干净。

3.剖

指用刀将整形原料剖开的刀法。如鸡、鸭、鱼等取内脏时,先用刀将腹部剖开。此刀法要根据烹调需要灵活掌握好下刀部位和刀口的大小。

4.刮

用刀将原料表皮杂质或污垢清除掉的一种刀法。操作时,刀身垂直、刀刃接触实物,横着运刀。如刮鱼鳞、刮菜墩表面污垢等。

5.削

指用刀平着去掉原料表面一层或加工成一定形状的一种刀法。如莴苣、黄瓜、鲜笋等原料去皮,某些原料外形加工等。

6.剜

指用刀具挖空原料内部或原料表面处理的一种刀法。如剜去苹果、梨核,剜去山药、土豆等原料低于表面的斑点等。

7.旋

指用刀将某些原料表面的一层取下。可分为手上操作和墩上操作两种。手上操作是将原料拿在手中,刀刃进入原料表面,旋转原料,刀随旋转进入原料。墩上操作又称旋刀劈,是将原料放在墩面上,刀刃朝左、刀贴墩面进入原料表层,使原料向后滚动,刀随着行进,把原料表层旋下来。如酸辣黄瓜皮一菜,黄瓜皮的加工就是采用旋的刀法加工而成的。

8.砸

指用刀背将原料加工成蓉泥状的一种辅助刀法。砸多是配合剁的刀法加工原料,这样能使原料形状更细腻或平整。

9.拍

指用刀身拍破或拍松原料的一种刀法。操作时,将刀身平着拍向原料,使原料破裂或松散。如蒜泥拌黄瓜和糖拌小萝卜,就是先用刀身将黄瓜和小红萝卜拍松,再另改刀或直接使用的。

第四节 原料的成型

采用不同的刀法并经过刀工处理后,原料就形成了既便于烹调,又方便食用的各种形状。常见的烹调原料经刀工处理后的基本形状主要有块、片、条、丝、丁、粒、末、段、蓉泥等。

一、块

块是采用切、砍、剁等刀法加工成的。凡质地较为松软、脆嫩,或者是质地虽较坚硬,但去骨去皮后可以切断的原料,一般可采用切的刀法成块。例如,蔬菜类可以用直切的刀法,已去皮去骨的各种肉类,可以用推切或拉切的刀法,原料松软而易散的,可采用锯切的刀法。凡原料质地较为坚硬而且有皮带骨的,则可用砍或剁的方法成块。因为用来加工成块的原料,先要加工成段、条状,块形的大小是否适宜和均匀,除了熟练地运用各种刀法外,还取决于成段、条状原料的宽窄、厚薄是否一致。这就要求先把原料加工成为宽窄厚薄一致的段、条。块的种类很多,常用的有菱形块、大小方块、长方块、排骨块、劈柴块、大小滚料块等。

1.菱形块:也叫象眼块,加工方法是先将原料切成厚大片,再按边长规格将其改成长条,最后斜切成菱形块。其规格为长对角线约 3.3 厘米,短对角线约 2 厘米,厚约 1.5 厘米。

2.大小方块:一般指厚薄均匀、长短相等的块形。边长约 3.3 厘米以上的叫大方块,约 3.3 厘米以下的叫小方块。用切或剁等刀法加工而成。

3.长方块:又叫骨牌块,形状如骨牌,一般厚约为 0.8 厘米,宽约为 1.6 厘米,长约为 3.3 厘米。

4.排骨块:原是指切成约 3.3 厘米长的猪软肋骨而言的,类似形状的块就叫排骨块。

5.劈柴块:又叫柴把块,加工方法是先用刀将原料顺长切为两半,再用刀身一拍,切成条形的块,其长短厚薄不一,因形似劈柴,故得名。多用于冬笋或茭白等原料,如油焖茭白等。另外,凉拌黄瓜也有用劈柴块的。

6.滚料块:用滚刀切的方法加工而成。一般用于圆形植物性原料,如黄瓜、土豆、山药、胡萝卜等。加工时必须先在原料的一头斜着切一刀,再将原料向里滚动,再切一刀,这样连续地切下去,切出来的块为大滚料块,滚动幅度小,即为小滚料块,也叫梳子背。块形大小的选择,主要根据烹调的需要而定。

二、片

片有多种成形的方法，某些质地较硬的脆性原料可以采用切的方法，其中植物性原料可采用直切；韧性原料可采用推切、拉切或锯切等；薄而扁平的原料可采用片的刀法。片有多种多样的大小、厚薄和形状，常用的有：柳叶片、象眼片、月牙片、薄片、厚片、夹刀片、磨刀片等。

1.柳叶片：这种片薄而窄长，形状像柳树的叶子。一般用切或削的刀法加工而成。

2.象眼片：也叫菱形片，形似象眼块但薄，一般用切、片等刀法制成。

3.月牙片：先将圆形或近似圆形的原料切为两半，再顶刀切成半圆形的片即成。

4.夹刀片：凡一端切开成为两片，另一端连在一起的片，叫作夹刀片。即用切的刀法，一刀不断一刀切断。

5.磨刀片：是用斜刀片的刀法加工而成。因片时将原料平放在墩上，用刀自左向右像磨刀一样，一刀一刀地片下去，故称磨刀片。

以上各种片均有厚薄之分，习惯上把厚度0.2厘米以内的片叫薄片，0.5厘米以上的片叫厚片。从烹调的要求来看，一般氽汤用的片要薄一些；用于滑炒的要稍厚一些；某些易碎烂的原料，例如鱼片、豆腐片等，要厚一些，质地坚硬而带有韧性或脆性的原料，如鸡片、猪、牛、羊肉片、笋片等，则可稍薄一些。

切片时应注意以下几点：

①持刀平稳，用力轻重一致。

②左手按料要稳，不轻不重。

③在片的过程中要随时保持墩面干净，刀要随时擦干。

三、丝

切丝时先要把原料加工成片形，然后再切成丝。切时要将片排成瓦楞形或整齐地堆叠起来。前法适用于大部分的原料，效果也较好，后法因堆叠得高，切到最后手扶不住，容易倒塌。另外，某些片形较大、较薄的原料，如青菜叶，鸡蛋皮等，可先将其卷成筒状，然后再顶刀切成丝。丝有粗丝、细丝和银针丝之分。性质韧而坚的原料，可以加工得细一些。丝的粗细主要决定于片的厚薄，丝要细首先片要薄。因此在切片时，就应考虑到丝的粗细而加工成适宜的厚度。丝的长度一般以5厘米左右为宜。主要包括瓦楞形叠切法、砌砖形叠切法、卷筒形叠切法。

切丝时要注意以下几点：

1.加工片时要注意厚薄均匀，切丝时要切得长短一致，粗细均匀。

2.原料加工成片后,不论采取哪种排列法都要排叠得整齐且不能叠得过高。

3.左手按稳原料,切时原料不可滑动,这样才能使切出来的丝粗细一致。

4.根据原料的性质决定顺切、横切或斜切。例如牛肉纤维较长且肌肉韧带较多,应当横切;猪肉比牛肉嫩,筋较细,应当斜切或顺切,使两根纤维交叉搭牢而不易断碎;鸡肉、猪里脊肉等质地很嫩,必须顺切,否则烹调时易碎。

四、条

条的成形方法是先把原料劈成厚片再切成条,其粗细取决于片的厚薄,大小取决于片的长短。条状一般适合于无骨的动物性原料或者植物性原料,条的粗细取决于片的薄厚,条的两头呈正方形。加工时顺着纤维纹路切条,韧性原料应细些,脆性原料和软性原料应该粗些。按照条的粗细长短一般可以分为筷梗条、小指条、大指条等。条有粗细之分,粗条一是长4~6厘米,宽厚各1.5厘米;细条长4~6厘米,宽厚各1厘米。

五、段

段的形状比条粗,是运用切、剁、砍等方法加工而成,加工脆性原料要细一些,加工韧性原料应该粗一些长一些。

六、丁

丁是大于粒、末的小块,其大小视烹调的要求和原料的情况而定。丁的成形一般是先将原料切或片成厚片,再将片切成条,然后再顶刀切成丁。丁的种类很多,常用的有骰子丁、豌豆丁等。丁的大小不同,一般大丁是2厘米见方,小丁是1厘米见方,碎丁是0.5厘米见方。

七、粒

粒较丁小一些,大的有如绿豆粒,小的和小米粒相仿,成形方法基本上与丁相同,粒的大小主要决定于丝或条的粗细。

八、末

末的大小略小于小米粒,将丁或粒再切小或剁碎即可,也可先将原料切或劈成片,再切成细丝、然后顶刀切成末。

九、蓉泥

蓉泥是采用排剁的方法制作的,其质量要求是:将原料剁得极细,形成蓉泥状,剁蓉泥的原料一般有鸡、虾、鱼、肉等。在制作蓉泥之前,先要将原料的骨、筋、皮等去掉,剁制鸡、鱼、虾等蓉泥还需要适当搭配一点猪肥膘,以增加蓉泥的黏性。其比例是,鸡蓉约放三分之一,肉、鱼、虾蓉等约放三分之二。

十、剖刀法成形的形状

各种剖刀法,除了单独一种刀法加工原料使其成形外,还经常综合运用两种或两种以上的刀法,同时加工一种原料形状,也就是刀工美化或花刀。原料美化成形的名称,是根据原料的象形而命名的,故也称为象形块,常见的主要有以下几种:

1.麦穗形

先用斜刀法在原料表面剖上一条条平行的斜刀纹,再将原料转一个角度,用直刀法剖上一条条与斜刀纹相交叉的平行直刀纹,刀口深度均为原料的五分之四,最后改刀成较窄的长方块。加热后就卷曲成麦穗形状(图4-31)。如麦穗腰子、麦穗鱿鱼等原料。此种刀法也称为麦穗花刀。

2.荔枝形

制法与麦穗花刀相同,只是剖刀后将原料改刀成象眼块,加热后即卷曲成荔枝形状(图4-32)。这种花刀法也称为荔枝花刀,常用于剖墨鱼、肚头等原料。

图4-31 麦穗形　　　　　图4-32 荔枝形

3.梳子形

先用直刀在原料表面剖出均匀直刀纹,再把原料横过来切成片,烹熟后像梳子形状(图4-33)。这种刀法多用于质地较脆、硬的原料,如梳形萝卜等。此种刀法也称为梳子花刀。

4.蓑衣形

方法有两种,一种是先在原料的一面剖上一条条相互平行且较紧密的直刀纹,刀口深度为五分之四,然后翻转另一面剖上与原刀纹相交成45°角的相同刀纹,最后改刀成长方块。这种方法多用于圆形原料,如萝卜、黄瓜等。

另一种方法是先在原料的一面剖上一条条相互平行的紧密直刀纹,再与原刀纹相交成直角,剖上同样的刀纹,刀口深度均为原料的五分之四,然后将原料翻面并用同样的刀法，剖上与另一面刀纹成45°角的相同刀纹，最后改刀成块。这种方法多用于香干、鱿鱼等。

经过这样加工的原料，提起来两面通孔，呈蓑衣形（图4—34）。此种刀法也称为蓑衣花刀。

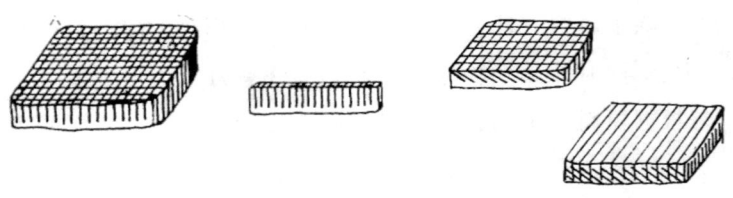

图4—33　梳子形　　　　图4—34　蓑衣形

5.菊花形

先将原料的一端切成一条条平行的薄片（但不切到底），深度约为原料厚度的五分之四，另一端五分之一连着不断，然后再转90°垂直向下切，使原料厚度的五分之四呈丝条状，厚度的五分之一仍然相连，然后改刀成块状，加热后即卷曲成菊花形（图4—35）。这种刀法也称为菊花花刀，多用于肉质较厚的原料，如制作菊花鱼。

6.卷形

将原料的一面剖上十字花刀，其深度为原料厚度的三分之二，然后改成长方块，加热后呈卷形（图4—36）。这种刀法一般使用于脆性原料，如鱿鱼、乌鱼等。

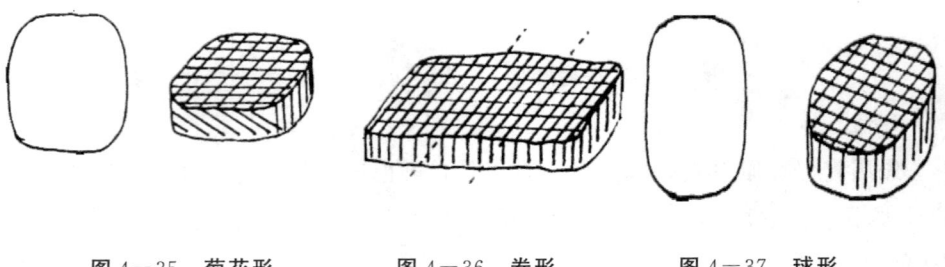

图4—35　菊花形　　　图4—36　卷形　　　图4—37　球形

7.球形

又叫"松果花刀"，将原料切或片成厚片，再在原料的一面剖上十字花刀，刀距要密一些，深度为原料的三分之二，然后改成正方块或圆块，加热后即卷曲成球形。此种刀法也称为球形花刀，一般适用于脆性或韧性的动物性原料（图4—37）。

8.柳叶形

这种刀法一般用于剖鱼，先在全身中央，从头至尾顺长剖一刀纹，并以这一刀纹为中线在两边斜顺着剞上距离相等的刀纹,即成柳树叶形(图4—38)。

9.蜈蚣形

常以猪黄管为原料,先将猪黄管洗净,放入水锅中煮透,捞出撕去油筋,用筷子翻过来,放入汤锅氽透捞出凉凉。将猪黄管横放在墩上,用直刀法每隔4厘米横剖一刀,深至原料二分之一,而后每隔一格对角斜剖一刀,将剖开的刀纹向两边展开后即为蜈蚣形(图4—39)。此种花刀也称为蜈蚣花刀,常用于一些喉管、气管等管状原料。

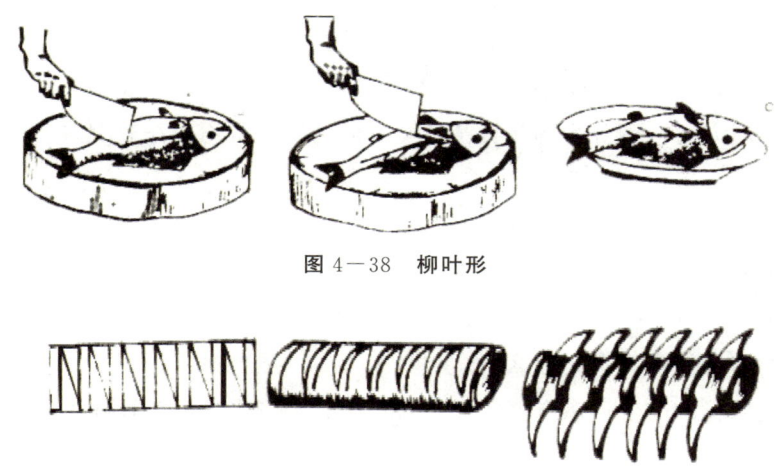

图4—38 柳叶形

图4—39 蜈蚣形

10.佛手形:先将原料加工成椭圆或长方形的厚片,然后顺长二分之一切四刀,形似手指,连着的二分之一形似手掌。

11.网眼形:先将原料加工成厚片,在表面上采用直刀法剞上一条条平行的直刀纹,然后将原料翻转过来,剞上与第一面交叉的直刀纹(行业中习惯称两面交叉剞直刀),深度都约为原料厚度的三分之二,提起原料用两手撑开呈网眼形。

12.百叶形:一般用于剞鱼,操作时先用刀直剞至鱼的脊骨,再贴骨横片进去(并不片断)。此种刀法应注意刀距要相等,左右面要对称,提起后呈百叶窗形。如糖醋黄鱼一类,鱼的改刀就采用此种刀法加工成形。

13.灯笼形:先把原料切成约4厘米长、3厘米宽、0.3厘米厚的大片,再在原料顺长的一端约1厘米处斜刀片进两刀,角度为45度,间隔约0.3厘米,刀口深度为原料的五分之三,随后以同样的方法加工原料的另一端,最后转成直角剞上深度为原料五分之四的直刀纹,刀距约为0.2厘米,入锅加热后便收缩变形成灯笼形。这种花刀法也称为灯笼形花刀,一般适用于鱿鱼、目鱼等原料。

14.麻花形:先将原料加工成约4.5厘米长、3厘米宽、0.3厘米厚的片,再在中间顺长划开3.5厘米长的口,然后在中间缝口的两边各划一条平行的口,长约3厘米，最后将原料的一端从中间缝口处穿过并拉紧。此种花刀也称为麻花花刀，多用于肉类原料。

思 考 题

1. 什么叫刀工？刀工的操作姿势是怎样的？
2. 刀工的基本要求有哪些？
3. 什么叫刀法？可分为哪几类？各类有何区别？常用刀法有哪些？
4. 何谓刀工美化？
5. 切与片各有哪几种具体方法？
6. 常见原料经刀工加工后的基本形状有哪些？各采用什么刀法加工成形？
7. 加工片、丝原料形状各应注意哪些事项？
8. 剞的刀法操作要求是什么？
9. 常见原料的美化形态有哪些？试着说明各种形态的刀工操作过程。

第五章

勺工

第五章 勺工

勺工工艺包括勺工姿势、勺工技法,是烹制菜肴最基本的手段。要了解工具的特点和使用方法,并能正确掌握和灵活运用;掌握勺工技术各个环节的技术要领,不同的环节都有其技术上的标准方法和要求,只有掌握了这些要领并按此要领去操作,才能达到勺工技术的目的。勺工操作要求动作简捷、利落、连贯协调。要有良好的身体素质与扎实的基本功。

一、勺工的概念

勺工是烹饪操作运用炒勺铁锅的基本功,所谓勺工,是指在临灶烹调过程中,使用不同的力度,运用不同的运勺方法,采取一连贯的动作,运用炒勺、铁锅,将各种加工成形的菜肴原料投入勺内,以加热调味,从而完成菜肴制作的整个过程的操作技术。勺工是运动用炒勺临灶操作的一项技术。运勺过程中,由于力度不同,力的方向不同,推、拉、扬、晃、举、颠倒、翻等动作的结果也不同。运勺的方法往往根据技法和原料及成菜的特点要求来选择,有很大的灵活性、机动性,所采取的动作是否合理、连贯,是否协调一致,往往决定操作的成功与失败。这些技术性、机巧性的活动,需要有一个实践锻炼过程才能完善,所以有时把勺工也称作"勺功",其含义是指运用炒勺临灶进行操作的功夫。

勺工是把火(热能)、器、料、水、法五个烹饪要素有机结合在一起,实施烹饪并达到烹饪目的的综合性技艺。它要求操作者既能顾及到器具的特点,又能考虑到火力的情况、温度的变化以及料与水的变化,依法(技法)使力施艺,实施烹与调的活动。

二、勺工的基本要求

1.掌握勺工技术各个环节的技术要领。了解勺工工具的特点和使用方法,并能正确掌握和灵活运用。勺工技术由端握勺、晃勺、翻勺、出勺等技术环节组成。不同的环节都有其技术上的标准方法和要求,只有掌握了这些要领并按此要领去操作,才能达到勺工技术的目的。

2.操作者要有良好的身体素质与扎实的基本功。勺工操作要有很好的体能与力量才能完成一系列的动作,而只有扎实的基本功训练才能练就操勺动作的准确性、机巧性,达到应有的技术要求。

3.要有良好的烹调技法与原料知识素养,熟悉技法要求和原料的性质特点。在实际操作中因法运用勺工,因料运用勺工,才能烹制出符合风味特色要求的菜肴。

4.勺工操作要求动作简捷、利落、连贯协调。勺工操作中杜绝拖泥带水、迟疑缓慢。因为菜肴在烹制时,对时间的要求是很讲究的,有快速成菜的菜肴,也有慢火成菜的菜肴,何时该翻勺调整料的受热部分都有一定的要求,所以及时调整火候是不能迟疑和拖沓的,只有简捷利落、连贯协调、一气呵成才能符合成菜的工艺标准。

5.晃勺、翻勺过程中,要求勺中的料和汤汁不洒不溅,料不粘勺、不煳锅,既清洁卫生,又符合营养卫生的要求,保持菜肴的色泽与光洁度。

三、勺工的作用

1.保证烹饪原料均匀地受热,成熟度和上色一致。原料在勺内不停移动或翻转,使原料的受热均匀一致,成熟度一致,原料的上色程度一致。及时端勺离火,能够控制原料受热程度、成熟程度。

2.保证原料入味均匀。原料的不断翻动使投入的调味料能够迅速而均匀地与主辅料溶和渗透,使口味轻重一致,滋味渗透交融。

3.形成菜肴各具特色的质感。如菜肴的嫩、脆与原料的失水程度相关,迅速地翻拌使原料能够及时受热,尽快成熟,使水分尽可能少地流失,从而达到菜肴嫩、脆的质感。不同菜肴其原料受热的时间要求不同,勺工操作可以有效地控制原料在勺中的时间和受热的程度,因而形成其特有的质感。

4.保证勾芡的质量。通过晃勺、翻勺,可使汤汁浓稠均匀,芡粉均匀裹在菜肴的表面,成熟一致。

5.保持菜肴的形状。对一些质嫩不宜进行搅动、翻拌的原料,可采用晃勺,而不使料形破碎;对一些要求形整不乱的菜肴,翻勺可以使菜形不散乱,如烧、扒菜的大翻勺。

四、勺工姿势

(一)站立姿势

姿势与灶台高低有一定的关系。灶台高度一般为 85～90cm。灶台太高,人的手就要过高提起,这样就会加重手臂及手腕的负担,人会感到十分吃力。反之,灶台太低,人必然会弯腰曲臂,加强腰腹的负担,时间长了就会感到腰酸背疼。具体姿势要求如下:

1.面向炉灶站立,人体正面应与灶台边缘保持一定距离(根据身高可保持在 5～25cm 左右)。

2.两脚分开站立,两脚尖与肩同宽,为 40～50cm(可根据身高适当调整)。

3.上身保持自然正直,自然含胸,略向前倾,目光注视勺中原料的变化。但不可弯腰曲背,以免造成职业病。

(二)握勺的手势

面对炉灶,上身自然挺起,双脚与肩同宽站稳,身体与炉灶保持10厘米左右的距离,左手掌心向上,五指并拢握住勺柄;双耳锅的握法是左手拇指与其余四指夹住锅沿,拇指钩住锅耳。力度要适中,不宜过分用力,握住后要端平、端稳,以利于颠翻运转、抖动。

五、勺工技法

1.晃勺

晃勺也称晃锅、转菜,是指将原料在炒勺内旋转的一种勺工技艺。将炒勺做顺时针或逆时针方向晃动,使原料在勺内旋转,可以防止粘锅,可以使原料在炒勺内受热均匀,成熟一致。对一些烧菜、扒菜,勾芡时往往都是边晃勺边淋芡,使勾出的芡均匀而不会局部太稠或太稀。此外,晃勺可以调整原料在炒勺内的位置,以保证翻勺或出菜装盘的顺利进行。

操作方法:左手端起炒勺,通过手腕的转动,带动炒勺做顺时针或逆时针转动,使原料在炒勺内旋转。原料转动起来后再做小型晃动,保证勺中的原料能继续旋转。

技术要领:晃动炒勺时,主要是通过手腕的转动及小臂的摆动,加大炒勺内原料旋转的幅度,力量的大小要适中。力量过大,原料易转出炒勺外;力量不足,原料旋转不充分。因此用于晃勺的原料不宜过多。如果原料过多,它在锅内翻动的范围小,也就是说原料在锅中的运动距离减短,这样原料就难以达到抛的速度,锅中的菜肴难以翻转,因此用于晃勺的原料不宜过多。

适用范围:晃勺应用较广泛,在用煎、塌、贴、烧、扒等烹调方法制作菜肴时,以及在翻勺之前都可运用。此种方法单柄勺、双耳锅均可使用。晃勺的目的是让炒勺与原料一起转动,如果只让炒勺转动而不使原料转动则称转勺或转锅。转勺时,左手握住勺柄,炒勺不离灶口,快速将炒勺向左或向右转动。要注意手腕向左或向右转动时速度要快,否则炒勺会与原料一起转,起不到转勺的作用。这种方法主要用于烧、爆等烹调方法的制作。

2.翻勺

又称颠勺、颠锅,是勺工技术的核心。通过推、拉、送、扬、摆等动作,使勺内的原料进行翻转运动,用于汤汁较少的菜肴。翻勺在烹调工艺中,要使原料在炒勺中受热均匀、成熟一致、入味均匀、着色均匀、挂浆均匀,除了用手勺搅拌以外,还要用翻勺的方法达到上述要求。翻勺是勺工的重要内容,是烹调操作中重要的基本功之一,翻勺技术功底的深浅可直接影响到菜肴的质量。因为炒勺置于火上,料入炒勺中,原料由生到熟,只不过是瞬间变化,稍有不慎就会影响菜肴的质量。

因此，翻勺对菜肴的烹调至关重要。

（1）根据翻勺的幅度大小，翻勺可分为小翻勺和大翻勺。

①小翻勺：

又叫颠翻、叠翻，即将炒勺连续向上颠动（每次翻勺只有部分原料做180°翻转，翻起的部分与另一部分相重叠），使锅内菜肴松动移位，避免粘锅或烧焦，使原料受热均匀，调料入味，卤汁紧包。因翻动时的动作幅度较小，锅中原料不颠出勺口，故称"小翻勺"。

②大翻勺：

是指把炒锅（勺）中的原料一次性做180°翻转，先顺时针方向晃动炒勺，使原料转动起来，接着顺势一挑一拉，让原料从炒勺的正前方脱出，炒勺瞬间借着大幅度的回拉力，驶离勺的原料向中间翻转，这时要根据原料下落的速度和位置，将原料接入炒勺。大翻勺技术要求很高，不仅要使原料翻转过来，还要保持其形状完整。必须注意的是，勺要光滑，可先将炒勺放在火上烧热，放少许油均匀布满勺底，再将油倒出，炒勺便光滑了；晃勺时要稍微在原料的周围沿勺边沿淋入少许油，以增加润滑度；勾芡要适当，如果太浓稠影响菜肴质量，又增加翻勺困难，太稀则原料与汤汁分离，散碎的原料不能形成一整体，整形的原料翻时则会出现汤汁四溅的现象，容易出现烫伤事故。

（2）按方向分为前后翻、左右翻，一般采用前翻和左侧翻居多，以前翻较为保险。

①前（后）翻勺：

这是最常见的勺工技术。手法为左手握住勺柄，稍向前倾斜，使勺前低后高，原料集中在勺的前部；手臂用力向前推出，待料滑动到勺前沿时，迅速向后一挑一拉，料即回落勺中，形成前→上→后→下→前的一个运动循环，使原料略微离开勺壁上下连加内动，并从勺的前部不断向后翻转，此种翻法又叫小翻勺。后翻勺的用力和方向和前翻勺正好相反，要领是相同的，适用于带汤汁的菜肴翻勺。

②左（右）翻勺：

手腕的变用力向右，待料滑到右勺沿时，迅速向左一摆一接，原料即翻勺中，形成要求左手握住勺柄，稍向右倾斜，右低左高，原料集中在稍微靠右的部位。手臂上→左→下→右的一个运动循环。右翻勺要领同左翻勺，只是用力方向正好相反。如果原料略微离开勺壁上下颠动，也叫左（右）小翻勺。此种翻法用小臂摆动的力量，比前后翻勺难度稍大。

（3）按其位置分为灶上翻、灶边翻。

当然，采用什么翻法主要随各人的习惯及实际效果而定。

3.出勺

出勺，也叫出菜、装盘，就是运用一定的方法，将烹制好的菜肴从炒勺中取出来，再装入盛器的过程。它是整个菜肴制作的最后一个步骤，也是烹调操作的基本功之一。出勺技术的好坏，不仅关系到菜肴的形态是否美观，而且对菜肴的清洁卫生也有很大的关系。出勺的手法很多，主要有拨入法、倒入法、舀入法、排入法、拖入法、扣入法等，勺工是中式烹调特有的一项技术，是中式烹调用火和施艺的独特功夫。运用勺工技艺，调节和控制火候是每个厨师必备的基本功之一。

4.手勺与炒勺的配合

左手端勺，右手执手勺，左右配合进行推、拨、拌、转或装盘等动作。手勺的执法：用右手的中指、无名指、小拇指与手掌合力握住勺柄，主要目的是在操作过程中起到钩拉、搅拌的作用。要求持握老而不死，施力、变向均要做到灵活自如。

第六章

原料的初步加工

第六章 原料的初步加工

原料的初步加工,就是烹饪原料进行宰杀、去皮、摘洗、涨发、除污、去异味或去掉不能食用的部分,然后再进行洗涤等初步加工,使之符合烹制菜肴所需要净料要求的加工备料过程。

未经任何加工的原料不能直接用于烹制菜肴,必须根据食用和菜肴的烹制要求以及原料的性质,进行合理的初步加工。

一、原料初加原则

要做好原料的初步加工,必须遵循以下几条原则。

1. 认真加工,讲究原料的清洁卫生

从市场上购进的各种原料,一般都带有污秽杂物,有些原料本身还带有一些不能食用的部分。如新鲜的蔬菜在购进时,常带有老叶、泥沙、污物,有的还带有虫、菌等,因此必须经过择剔、洗涤、清理等加工处理后才能切配、烹调,供人们食用。尤其是对一些生食的原料,清洁卫生更为重要。

2. 合理加工,保持原料的营养成分

在对原料进行加工的过程中,由于原料的品种不一样,采取的加工方法也不同,其对原料的加工和影响程度也有所不同。因此,在原料初步加工过程中,首先要了解原料中主要营养素的种类和性质,然后采用科学的加工方法,使营养成分不受或少受损失。如青菜、菠菜等叶菜类,是人体维生素和矿物质的重要来源之一,而这些原料中的营养成分,很容易在洗涤加工中被溶解、流失,也容易遭受日光、空气的影响而受到破坏。

3. 正确加工,保证原料的使用要求

初加工是为切配和烹调服务的,因此,在初加工中就要考虑原料在后期烹调时所使用的烹调方法,以保证成品菜点的色、香、味、形等诸方面受损害。例如,为了使叶菜类原料保持原有的鲜艳碧绿,必须放入沸水锅内略烫即出;如要去除根茎类蔬菜内的苦涩味,则必须放入冷水锅内慢煮。如果对以上两种蔬菜原料做错误的处理,不但会造成营养素破坏,而且也不利于除去根菜类原料的异味,最终影响菜肴质量。

4. 掌握原料性质,合理加工原料,减少损耗

在初加工时要根据原料的特性及食用价值,综合处理原料有价值的部分,使原料物尽其用,降低成本。对一些尚可食用,但加工过程比较复杂的原料,操作者千万不能嫌麻烦而将其舍弃,如蔬菜中新鲜的老叶虽然不能食用,但可切成细丝,用油炸成菜松,用于围边点缀;也可以焯水后代替草铺垫在蒸笼上,使蒸出来的菜肴或点心带有清香味。原料的节约和合理使用在很大程度上取决于初步加工。因此,在初步加工中应予以足够重视。

二、原料初加工的要求

1. 符合卫生要求，注意营养成分的保留

购进的原料大部分都带泥、水或杂物，必须用清水洗干净，去除材料不能食用的部分。加工原料时，要根据不同品种、不同要求，采取不同的加工方法，并要保存营养成分。

如新鲜蔬菜，洗净后，需要用热水快焯，以免营养成分过多损失。

2. 保证菜肴的美味

在进行原料初步加工时要认真，避免影响菜肴质量。如剖鱼时不要碰破苦胆，否则菜肴变苦；杀鸡时要控净血，否则肉色发红；煮蛋时要冷水下锅，否则易裂；有腥味的原料，如大肠、羊肉等要多煮些时间，尽量除尽其内部的腥味。

3. 合理加工，保证整体完整、美观

在分档取料和出骨的工作中，要分清部位，准确下刀，不能有丝毫差错。否则会影响菜肴的美观，而且会造成浪费。

4. 合理使用原料，物尽其用

在烹调菜肴时，一方面要把原料中质量好的部位烹调成质优味美的菜肴，质量差的部位通过精细加工烹调也能食用可口。这样可使烹调材料合理使用，还可达到节约的目的。例如，在分档取料和出骨的工作中，必须注意原料形状的完整，分清部位，下刀要准确，绝不能损坏原料，要达到物尽其用，减少损耗、降低成本。原料的节约和合理使用，在很大程度上取决于初步加工阶段中的洗涤、挑选、分档取料和出骨等，因此应给予足够的重视。

第六章 原料的初步加工

第一节 鲜活原料的初加工

鲜活原料的初步加工，即是对动植物性原料进行宰杀、去皮、摘洗、除污、去异味或去掉不能食用的部分，然后再进行洗涤，使之符合烹制菜肴所需要净料要求的加工备料过程。

鲜活原料是烹制菜肴的重要来源，在整个烹调过程中占有重要地位，是烹饪过程的第一环节，也是重要环节，是菜肴加工制作的基础，也是其重要组成部分。

一、新鲜蔬菜初加工工艺

(一)新鲜蔬菜初加工的原则和要求

1.根据菜点的要求整理加工

菜点的品种不同，对原料的要求也不一样，所以采用不同的加工方法，去掉不能食用的部位。如叶菜类蔬菜必须去掉菜的老根、老叶、黄叶等；根菜类蔬菜要削去或剥去表皮；果菜类蔬菜必须刮削外皮，挖掉果心等。

2.正确洗涤，保证质量

洗涤蔬菜时，首先，要去掉蔬菜上的泥沙、虫卵等脏物，并采用正确的方法，有的原料要掰开来洗，防止污物夹在菜叶中；有的在清洗后要在清水里再浸泡一段时间，以去掉残留在蔬菜上的农药等。其次，洗涤后的蔬菜要存放在清洁处，防止二次污染。最后，注意洗涤顺序，先洗后切，有利于保护营养素。

3.合理放置，方便使用

蔬菜原料洗涤干净后，应放在能沥水的容器内，排放整齐，以利于后续的切配加工。

在烹饪及日常生活中，常常会遇到水果、蔬菜及其他食品的变色现象，如茄子、土豆、山药、藕、苹果等削皮后会变褐色，而且营养成分、风味也往往随之发生变化，还会降低原料质量。因此，加工过程中，要防止加工后的原料变色，应妥善保存。

(二)各种新鲜蔬菜初加工工艺

1.叶菜类

叶菜类是指以鲜嫩的菜叶与菜柄作为食用部位的蔬菜，常见的有大白菜、小白菜、青菜、菠菜、卷心菜、油菜、韭菜、生菜等。其加工方法有以下几种。

(1)择剔、整理。将蔬菜原料中的黄叶、老叶、枯叶、老帮、老根、污物、杂草、泥沙等不能食用的部分择除、剔掉,并进行初步整理。

(2)将择剔、整理好的蔬菜,用清水洗涤。用清水洗涤时应注意蔬菜品种的不同和季节、用途的不同,分别采用不同的洗涤方法。一般有下面几种:

冷水洗涤:此方法适用于对大多数蔬菜的洗涤。将择剔、整理后的蔬菜在清水中浸泡、清洗,以除去泥沙等污物,再反复冲洗干净,置于清洁的盛器中沥干水。

盐水洗涤:此方法适用于对秋冬季节蔬菜的洗涤。此时的叶或叶柄表面带有虫卵,若只用冷水洗涤很难收缩脱落,从而不容易洗掉虫卵。具体方法是:将择剔、整理后的蔬菜先放入浓度为2%的食盐溶液中浸泡约5分钟,然后用清水冲洗干净。应注意不宜在盐水中浸泡时间过长,否则会影响原料的质量。

高锰酸钾溶液洗涤:此方法主要适用于生食凉拌的蔬菜。各种烹饪原料在初加工之前,或多或少地会带有一些细菌、病毒。生食凉拌的原料因不再加热,更要注意卫生,以确保食用者的健康。这类蔬菜原料的洗涤方法是:将择剔、整理后的原料放入浓度为0.3%的高锰酸钾溶液中浸泡5分钟,然后用清水洗涤干净,放在清洁的盛器中内,防止细菌、病毒或其他杂物的再次污染。

例:青菜初加工。先择剔去老叶和黄叶,再用刀把根修成锥形,放入清水中掰开叶柄,洗净泥沙。如带有虫卵,则采用盐水洗涤。

2.根菜类

加工方法

(1)削皮、整理:将根菜类原料根据烹调要求削去外皮。

(2)洗涤:将整理后的根菜类原料用清水洗涤干净,视烹调的需要进行焯水或不焯水处理。一般根茎类原料大多含有一定量的鞣酸,去皮后容易氧化变色。这些原料去皮后应立即浸入清水中,以防变色。

例:山药初加工。山药外皮粗糙,味苦涩,初加工时应把外皮除去。其方法是用刨刀直接刨去外皮,放入清水中洗涤干净后,浸泡在清水中,随用随取。

3.茎菜类

茎菜类原料是指以肥大的变态的茎部作为食用部位的蔬菜原料。如冬笋、莴笋、土豆、芋头等。

加工方法

(1)剥壳、去皮、整理:将茎菜类原料外表的壳、皮去掉,然后切掉老茎,剔除不能食用部分,再进行适当的整理。

(2)洗涤:将剥壳、去皮、整理后的茎菜类原料用清水洗涤干净,根据烹调要求,进行焯水或不焯水。焯水时要用冷水下锅,慢火煮熟,然后用冷水浸漂备用。

例:莴笋初加工。先剥去莴笋的叶子,切去莴笋的老根,从切口处开始削去老皮,最后洗涤干净备用。莴笋叶子也应洗涤干净,另作他用。削去老皮时,要掌握好厚度,以"肉"不带皮,皮不带"肉"为准。

4.花菜类

花菜类原料是以植物的花部器官为食用部分的蔬菜,如黄花菜、花椰菜、白菊菜、韭菜花等。

加工方法

(1)初步整理:去蒂、花心和茎叶,或将花瓣取下。

(2)洗涤:用清水漂洗干净,洗涤时要保持原料的完整。

例:花菜初加工。用刀切去花柄,掰成小块状,然后用清水洗涤干净,保持花形完整不碎。

5.果菜类

果菜类原料是以植物瓠果为食用部位的蔬菜,如黄瓜、丝瓜、冬瓜、南瓜等。

加工方法

(1)去皮、去籽:有些瓜类原料(如冬瓜、南瓜等)的皮、籽硬而老,应将其除去。这些原料应先去掉外皮,然后剖开,去掉中间的籽、瓤。

(2)洗涤:将去皮、去籽的瓜类原料整理,用清水洗涤干净,无须去皮、去籽的原料可直接用清水洗涤。

例1:丝瓜初加工。对外皮较嫩的丝瓜,可用小刀或竹片刮去表面绿衣;对外皮较老的丝瓜,则用小刀削皮或用刨刀刨皮,随后放入清水中洗涤。丝瓜去皮后易变色,应随用随加工,或加工好后浸入清水中备用。

例2:西红柿初加工。按烹调制作要求不同,西红柿加工一般有两种方法:一种是带皮食用,即先用清水洗涤干净,然后用刀对剖开,切去西红柿蒂;另一种是去皮食用,先用清水洗涤干净,然后用90℃左右的热水浸泡约10秒钟,用手撕去西红柿皮,对剖开、切去蒂。去皮的西红柿一般适用于凉拌。

例3:刀豆初加工实例。先将刀豆用手掐去顶尖,撕去两边筋,然后用手掰成所需要的长度,用清水洗涤干净备用。

6.食用菌类

以无毒菌类的子实体为食用部位的蔬菜称为食用菌类蔬菜,如平菇、蘑菇、草菇、金针菇、猴头菇等。

加工方法

(1)切去根部,去掉杂物。

(2)洗净备用。

例:平菇初加工。用刀片去平菇的根蒂,掰成大小近似的块,用清水洗涤干净,如果平菇上沾有泥土或其他污物要用手轻轻搓洗。

二、果品类初加工工艺

(一)果品类加工的原则和要求

1.果品加工的原则

(1)根据原料的特征进行加工

加工时要根据原料的形状、品种、成熟度的不同选择具体的加工方法,尽量保持可食部位的完整性。

(2)根据成菜的要求进行加工

同一种原料因成菜的要求不同而要采取不同的加工方法,如在去皮、去瓤时怎样去,去多少都要注意。

(3)根据节约的原则进行加工

在摘剔加工时要避免浪费,切不可乱摘乱切,要尽量保留原料可食部位,对摘除的原料也要加以综合利用。

2.果品加工的要求

(1)洗涤加工

除部分干果原料外,绝大部分果品原料要经过洗涤加工,通过采用冲洗、刷洗、漂洗等方法,可以去除原料表面的污物,确保食用的安全和卫生以及菜肴的风味。

(2)去皮工艺

许多鲜果、干果原料要去皮加工。去皮加工时要掌握正确、快速的去皮方法。

(二)各种果品初加工工艺

1.鲜果类

加工方法

1)初步整理、去蒂、去叶柄、去皮。

2)洗涤用清水冲洗、搓洗、刷洗等。

例1:菠萝的初步加工。

用刀切去顶端的叶子,削去外皮,切成块后放入淡盐水中浸泡五分钟。

例2:火龙果的初步加工。

用清水冲洗火龙果表面,然后用刀顺长切开,再用勺子挖出果肉。果皮也可做盛器使用。

2.干果类

干果的果皮干燥,使之失去了食用价值,但其种子可以食用。初步加工时一般去除其果皮,保持其果肉完整。

三、禽类的初加工技术

(一)禽类初加工的原则和要求

1.宰杀时必须割断气管、血管、放净血

割断气管可以使家禽尽快死亡,以利于后续的初加工顺利进行;如果气管割不断,那么家禽就不能立即死亡。割断血管可以使血液放净,否则,肉里有瘀血,将影响肉的色泽和味道。

2.掌握好烫毛的水温和时间

烫毛时的水温和时间与家禽的品种、老嫩以及季节等因素有关。一般鸭、鹅等水禽类烫泡时间可长些,鸡、鸽子、鹌鹑等则应烫泡时间短些。家禽质老的,水温应高些,时间可长些;质嫩的,水温应低些,时间应短些。冬季水温应高些,时间应长些;夏季水温应低些,时间应短些;春秋季节应适中。烫毛用水量以淹没家禽为宜。

3.煺净禽毛,注意清洁卫生

煺净禽毛要掌握好烫泡的水温和时间,也要认真、细致。有些家禽有许多绒毛、细毛不容易煺干净,要用镊子去净绒毛,或用火燎去。宰杀的禽类必须洗涤干净,特别是腹腔,要反复冲洗,去净血污。

4.充分利用原料,做到物尽其用

家禽中除了胆、食包、气管、淋巴必须去掉,其他各部分均可利用。头、爪可吊汤或卤制、酱等,肫皮可供药用,肝、肠、心和血液可用来烹制菜肴,禽毛可加工成羽绒制品。在初加工时都要注意加以利用,不可随意丢弃。

(二)各种禽类初加工工艺

家禽一般的加工方法步骤为宰杀、煺毛、开膛、洗涤

1.宰杀

鸡、鸭、鹅都采用割断血管、气管的方法宰杀,用左手虎口将鸡翼钳住,小指钩住鸡右腿,右手捏住鸡头向后翻转,左手拇指和食指捏住颈骨后面的皮,右手持刀在第一颈骨处下刀,割断气管、血管。宰杀后,右手握住鸡头向下,左手上抬,将血流入事先准备好的容器里。鸭鹅个大体重,可以先用绳吊起来,然后宰杀。

2.泡烫和煺毛

在家禽完全死亡而体温尚未完全冷却时进行,过早过迟都不易煺毛。泡烫所用的水温根据家禽的老嫩和季节的变化而定,一般情况下,鸡用80~90℃的热水,先烫脚、头,再烫全身;鸭、鹅用60~80℃的热水,整只泡入搅拌,以煺尽羽毛,而又不破坏禽皮为原则。

3.开膛取内脏

开膛取内脏的方法,可视烹调及菜肴的要求而定。较常用的方法有腹开,肋开和背开三种。无论用哪种方法,都要把内脏去净,不能弄破胆、肝及其他内脏,否则会影响成品的质量。

(1)腹开:先在家禽颈与脊椎之间开一刀,取出嗉囊和食管,再在肛门与肚皮之间开一条约6~7cm长的刀口,伸手入腹,用手撕开内脏与禽身粘连的膜,轻轻拉出内脏,洗净腹腔内的血污,并将其体内外冲洗干净。此法应用广泛,适用于一般的烹调方法。

(2)肋开:先取出嗉囊和食管,然后在翅膀下开约4~5cm的刀口,再将食指和中指伸入腹内,轻轻撕开内脏与禽身粘连的膜,取出内脏,用清水洗净腹中血污。此法适用于烤制的家禽,如烤鸭、烤鸡等。这种开口方法可以避免烤制时漏油,从而使制品品味更肥美。

(3)背开:在家禽的背脊处,从臀尖到颈部剖开,取出内脏,用清水洗净腹腔中血污。此法适用于整禽上席的菜肴,如清蒸全鸡、料子全鸡,洋葱扒鸡等,整禽上席时胸脯朝上,见不到刀口,使菜肴外观丰满、美观。

4.内脏洗涤

家禽的内脏除嗉囊、气管、食管、胆囊不能食用,其他部分均可食用。

(1)肫:割去前段食管及肠,将肫剖开,除去污物,再剥掉内壁黄皮(内筋),撕去外表筋膜,冲洗干净即可。

(2)肝:用剪刀剪去附着在肝脏上的胆囊,用清水洗净即可。去胆囊时不可将其弄破。

(3)肠:将肠理直、洗净附着在肠上的两条白色的胰脏,然后剖开肠子洗掉污物,用盐、醋搓擦,去掉黏液和异味,洗涤干净后再用开水略烫即可。

(4)血:将已凝结的血放入开水中浸熟或用水蒸熟,加热时间不可过长,火力不可过大,否则血块起孔,影响食用效果。

(5)油脂:把油脂洗净,切碎后放入碗内,然后加葱姜上笼蒸至油脂溶化后取出,去掉葱姜即可做明油用。

(6)心、腰、成熟的卵蛋:摘去洗净后可制作菜肴。

例:活鸡宰杀

宰杀:准备一个碗,放入些清水和少许食盐,鸡子宰杀后右手握住鸡头向下,左手抬高鸡身,将血流进准备好的碗内,用筷子搅匀,使其凝结。

泡烫、煺毛:待鸡子停止挣扎,完全死亡后放入80~90℃的热水中,先烫双脚,去掉鸡爪皮,再烫鸡头,剥去鸡嘴壳,煺去鸡头毛,然后烫翅膀和身体,先拔翅膀上的大羽毛,如果比较顺利地拔下来,说明烫的程度可以了。

开膛取内脏:根据烹调要求开膛取内脏。

洗涤:把鸡腹内外的脏物清洗干净。

整理内脏:把内脏按要求整理清洗干净。

四、畜兽类初加工技术

(一)畜兽类初加工的原则和要求

1. 洗涤干净,除去异味

畜兽类原料有的含有一定的异味,尤其是内脏里的杂物较多,污秽而油腻,特别是肠和肚,腥臊异味较重,在清洗时必须去除。

2. 保持原料质地,保存营养

畜兽内脏加工的根本目的是除净杂质和异味,改进原料风味。但每一种原料都有其固有的质地和营养成分,在原料加工时,应尽量避免因过度加工或不当加工造成营养素流失。

3. 加强管理,保证质量

畜兽内脏里的污物多,极易污染,如果放置时间过长,其异味很难去除,且容易使原料颜色发黑。因此,应及时加工处理,防止污染变质,并尽快用于烹调。

(二)各种畜兽类初加工工艺

畜兽类动物以宰杀至内脏的初步整理,大多在专门的屠宰加工场进行,烹饪加工只对畜类的肉及副产品进行修整和卫生性洗涤处理。

1. 畜兽内脏及四肢的初步加工

畜兽内脏及四肢主要包括心、肝、肺、腰、肠、头、尾、爪、舌等。由于这些原料黏液较多,异味重,并且各肌体组织结构相差很大,洗涤加工工艺既复杂又各不相同,同一种原料往往采用多种方法才能完成。

内脏及四肢常用的加工方法有里外翻洗法、盐醋搓洗法、热水烫洗法、刮剥洗涤法、灌水冲洗法及清水漂洗法等。

(1)里外翻洗法

里外翻洗法主要用于肠、肚等内脏的洗涤加工。由于这些原料里面黏液较多,异味重,外面带有油脂和污物,必须采用里外翻洗法洗净。一面洗净后,再将另一面翻过来洗涤,直至里外的黏膜及油膜被全部洗净和摘除。

(2)盐醋搓洗法

肠、肚等在翻洗之后,加盐、醋反复揉搓,去除黏液和腥臭味后,再用清水冲洗干净。

(3) 热水烫洗法

热水烫洗法是用于加工腥气味较重或有白膜的原料，如肚、舌、肠等。具体方法是：将初步洗涤干净的原料放入沸水锅中烫一下，如有白膜转白时捞出，然后刮去白膜，洗去黏液，用清水洗净。

(4) 刮剥洗涤法

刮剥洗涤法适用于加工外表带有污垢、硬毛和硬壳的原料，如猪爪、猪舌等。方法是：先刮除污垢，有毛的地方要用镊子拔掉或用刮刀刮净余毛，有爪壳的要去爪壳，有白膜的要刮净白膜，再用清水或热水洗净。

(5) 灌水冲洗法

灌水冲洗法主要用于洗涤肺和肠等，肺泡中常存有血污不易清除。洗涤方法有两种：一种是用剪刀将肺的大小气管剪开，用清水反复冲洗。另一种是将气管套在水龙头上，把水灌满后，用双手挤压，使污水流出，如此反复数遍，直至将血污冲净，肺叶呈白色为止。

(6) 清水漂洗法

清水漂洗法主要用于脑、脊髓等原料。其质地极嫩，容易破损，只能放在清水中轻轻漂洗，并用牙签或小刀剔除血衣和血筋，然后洗净备用。

2. 家畜内脏初步加工实例

(1) 猪肚的洗涤

加工步骤：盐醋搓洗→里外翻洗→热水烫洗→冲洗干净

用刀割去或用手撕去表面油脂，将猪肚放入盆内，加入食盐和醋，用双手反复搓洗，使猪肚上的黏液脱离，用水洗净。将猪肚翻转过来，再加上食盐和醋搓揉，洗去黏液。然后放入冷水锅中加热至沸，捞出后刮净猪肚内壁白膜，再将其里外冲洗干净即可。

(2) 猪肠的洗涤

加工步骤：灌水冲洗→盐醋搓洗→里外翻洗→冷水冲洗

用手伸入肠内，把口大的一头翻转过来，用手指撑开，灌注清水，使肠子翻转过来，然后用手摘去或用剪刀剪去猪肠上的油脂、污物。再将猪肠放入盆内，加入盐和醋，反复搓洗，用清水冲洗干净，再把肠子翻转过来。

(3) 猪舌的洗涤

加工步骤：清水冲洗→热水烫洗→洗涤整理

猪舌表面有一层硬的舌苔，不仅污物多，而且异味重，若不除干净，将严重影响菜肴质量及食用者的健康。其具体的操作方法是：先用水洗净猪舌，在舌的中间从舌根到舌尖插入一根筷子，以防加热时弯曲，影响加工。将猪舌放冷水锅稍煮，待舌表面凝固，捞出用小刀刮去舌苔，再用水洗涤即可。

（4）猪爪的洗涤

加工步骤：刮剥洗涤→清水冲洗

用小刀刮净硬毛，细毛和脚趾间的污物，剥去爪壳，冲洗干净即可。也可以将猪爪放在火上烤，燎去爪上的硬毛和细毛，再刮净污物，剥去爪壳洗净。

例：猪腰初加工

首先要把腰子表面覆盖的一层筋膜撕去；从比较光滑的一侧侧面把腰子片开，让刀口朝上片去腰臊洗净。要求腰臊要片干净，以免影响菜肴质量，但要注意腰臊不能片得过厚，提高出品率，避免浪费。

五、水产品初加工技术

（一）水产品初加工的原则和要求

水产类品种繁多，主要有淡水产品和咸水产品两大类，如鱼类、虾类、蟹类、贝类、软体类等。水产品营养丰富，含有蛋白质、脂肪、无机盐、维生素等，是人类不可缺少的食物，也是极为重要的烹饪原料。

水产品在一般情况下，在正式烹饪前都须经过初步加工处理，如宰杀、刮鳞、去鳃、取内脏、煺沙、剥皮、洗涤等。这些处理方法，必须根据不同的品种和用途合理地采用。初步加工应符合如下几个方面的要求。

1.符合卫生要求

水产品的初步加工，应根据原料的本身性质采用相应的加工方法，除去不宜食用的部分，如鳞、鳃、内脏以及沙粒、硬壳、黏液等，使其符合卫生要求，保证菜肴质量。

2.根据用途和品种加工

水产类的品种不同，其加工方法也不完全一样。如对有鳞的鱼类，如鲤鱼、鲫鱼等的初加工，应分别进行去鳞、去鳃、去内脏、洗涤等工序。而对一些无鳞的鱼类就少一个去鳞的工序。那么对于鲜活的小鲨鱼应该有煺沙的工序。对鲜活的鲥鱼、赤鳞鱼初加工时可不去鳞。同一种品种的水产品，因其用途的不同，初加工方法也不一样，如鲤鱼若烹调一般的菜肴就可以采用腹开取内脏，如果制作造型菜，用鱼制成盛器就要用背开取内脏的方法，如"草船借箭"等菜肴。

3.不碰破苦胆

鱼类的胆囊容易破裂，在加工时要注意保护，否则，胆汁就会渗入鱼肉，影响原料的味道和颜色，有的胆汁还含有毒素，影响人体健康，因此在加工时要特别小心。

4.合理用料，减少损耗

在加工鱼类原料时，要注意合理分档取料，头、尾、中段等各有特点。鱼头可用于制作多种菜肴,如剁椒鱼头、鱼头豆腐汤等;鱼尾可用于红烧;中段用途更广,可切丝、片、丁、制蓉等;鱼骨可用来吊汤或油炸后烹制成"酥鱼"。鱼子、鱼鳔也都可以烹制菜肴。鳞可用于炸制或熬鱼鳞冻等。总之,在初步加工时,应尽量保留和利用可食用的部分,这样可以减少损耗,降低成本。

(二)各种动物水产品初加工工艺

水产品初步加工方法大体上有宰杀、剪须脚、开壳、刮鳞、去鳃、剥皮、煺沙、泡烫、剖腹取内脏、洗涤等几个步骤。

1.刮鳞:适用于加工骨片鳞的鱼类,如黄鱼、鲤鱼、鲫鱼、草鱼等,刮鳞时不能顺刮,需逆刮。其方法是将鱼身平放在案板上,鱼头朝左,鱼尾朝右,左手按住鱼头,右手持刀,从尾部向头部逆刮过去,将鱼鳞刮净。刀与鱼的夹角应根据鱼鳞的特点及鱼的新鲜度来确定,一般情况下鱼与刀的夹角为45°左右。

2.去鳃、除内脏:鱼鳃味苦不能食用,应该除去。方法是用手挖去鱼鳃。对有些鱼类,如黑鱼、鳜鱼、鲈鱼等,因鱼鳃生长点牢固,并且鳃上还有刺,容易刺伤手,可用剪刀剪去。取鱼内脏,应根据鱼的大小和用途不同,采用不同的方法,一般情况有两种方法:一种是将鱼的腹部剖开,取出内脏,再洗净血污和黑衣。腹开又分为侧开和中开两种方法。另一种是从鱼的口腔中将内脏取出,其方法是先在鱼的脐部横割一刀,将肠子割断,然后用两根筷子由口腔插入,夹住内脏用力向一个方向绞卷后拉出,再用清水冲净。还有一种是从背部取出内脏。

3.煺沙:主要用于加工鱼皮表面带有沙粒的鱼类,例如鲨鱼。煺沙的水温及时间应根据原料的老嫩来确定。方法是:将鱼放入热水中烫泡,待沙粒凸起能煺掉时,立即捞出用小刀、软布或用手煺沙。沙粒煺净后要洗涤干净,再进行其他初步加工。

4.剥皮:对于鱼皮粗糙、颜色不美观的鱼类进行剥皮处理,如马面鱼、比目鱼等。

5.烫泡:多用于鱼体表面有黏液而腥味较重的鱼类,如鳝鱼、河鳗、海鳗等,甲鱼也多进行烫泡煺皮。烫泡时加热时间不宜过长,以免烫破表皮。

(三)水产品加工实例

1.鲫鱼的初步加工

操作过程:刮鳞→去鳃→剖腹取出内脏→洗涤

操作步骤:左手按住鲫鱼头,右手握刀从尾部向头部刮去鱼鳞,挖出鳃。然后用刀从肛门至胸鳍将腹部剖开,挖出内脏,并将鱼体内外洗净即可。

2.河鳗的初步加工

操作过程:宰杀→取出内脏→烫泡→洗涤

操作步骤：左手中指关节用力钩牢河鳗，右手握刀在鱼的喉部先割一刀，再在肛门处割一刀，放尽血。然后将方形竹筷从喉部刀口处插入腹腔，卷出内脏，再挖去鱼鳃，放入沸水中烫泡。待其身体表面黏液凝固变白后取出，把鱼体内外清洗干净。

3.比目鱼的加工

加工步骤：去皮→去鳃→去内脏→洗涤

比目鱼的外皮粗糙，颜色灰暗，不能食用，应去除。

加工方法是：先在近鱼头处划一刀口，在刀口处剥开一点鱼皮，而后捏紧撕下鱼皮。用同样方法剥去另一面鱼皮，再挖出鱼鳃，剖开鱼腹，去除内脏，洗净即可。

4.对虾的初步加工

操作过程：去须脚→去砂袋、虾肠→洗涤

操作步骤：用剪刀去须、脚，再在虾头壳处横剪一刀，挑出砂袋，然后在虾背中间抽去背筋，剔去泥肠，放在水中漂洗干净即可（不可冲洗，防止虾脑流出，虾头脱落）。

5.蛤蜊的初步加工

操作过程：刷洗→水养→洗涤

操作步骤：将蛤蜊放入清水盆内，用细毛刷刷洗干净泥土、冲洗干净后静置于淡盐水中（每4kg清水放入5g盐），使其吐出泥沙，最后用水冲洗干净即可。水养时，水不宜过多（水、料比为1∶1），以防止缺氧，造成蛤蜊死亡。

思 考 题

1.新鲜蔬菜初步加工的要求是什么？
2.新鲜蔬菜初步加工的原则是什么？
3.家禽初步加工的一般要求是什么？
4.叙述活鸡子的宰杀过程。

第二节　分档取料

分档取料就是对已经宰杀和初步加工的家禽、家畜、鱼类等整只原料，按照烹调的不同要求，根据其肌肉组织、骨骼的不同部位、不同质量，准确地进行有选择的分档切割分类的方法。

一、分档取料的烹饪意义

分档取料是技术细致、要求较高的工艺，若分档不正确，取料有误，不仅会降低切配效果，还会影响烹调和整个成菜的色、香、味、形和经济效益。如果不进行分档取料，那么烹调出来的菜肴质量就不能符合要求，并且浪费原料，加大成本。因此，在实践中必须按照大料大用、小料小用、精料精用、物尽其用的原则，认真学习掌握分档取料的知识及技术。

二、分档取料的关键

1.熟悉原料的各个部位，准确下刀是分档取料的关键。例如从家禽、家畜的肌肉之间的膈膜处下刀，就可以把原料不同部位的界限基本分清，这样才能保证所用不同部位原料的质量。

2.必须掌握分档取料的先后顺序。取料如不按照一定的先后顺序，就会破坏各个部位肌肉的完整，从而影响所取用原料的质量，同时造成原料的浪费。

三、分档取料的作用

1.提高菜肴质量，突出烹调特色

由于同一种原料不同部位组织结构的差异，在烹调过程中会产生不同的变化，从而影响到菜肴成品的质感。因此，需要根据烹调方法和菜肴特色而选用不同部位的原料。如同是猪肉，炒肉丝应选用里脊肉，扣肉应选用五花肉，冰糖圆蹄应选用肘肉等。只有因菜取料和因料施法，才能保证烹调特色和菜肴质感，反之就达不到菜肴应有的质感和特色要求。

2.合理使用原料，避免浪费

家禽、家畜，特别是家畜，其特点是体大肉多。它们的肉品质量随部位而异，部位不同，特性有别，所以，要根据其质量的差别，合理地将它们配以各种适宜的烹调方法，才能物尽其用，不浪费原料。例如鸡胸肉是鸡全身最嫩的部位，肉纹细而瘦肉多，适用于拉丝、切片，炒、烩皆宜；而鸡小腿肉肌腱筋络较多，只适用于切丁后爆、炒。这说明肉质的部位特性不同，但都有合适的使用方法，只要我们能识其性而善于按部位选择，并且灵活运用，就可提高原料的使用价值。

四、各种动物分档取料的方法

（一）畜类原料的分档取料及操作步骤

1.猪的分档取料

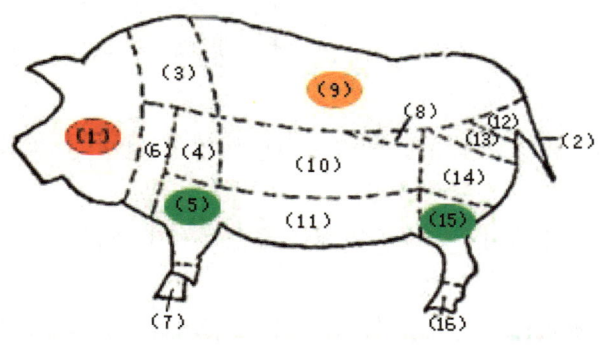

图6—1

（1）头：可卤、可炖、可炒。猪鼻、猪下巴和猪耳、适合下酒，猪头骨可炖汤，头骨肉拆了加辣椒炒可下饭等。

（2）尾：可卤、炖、红烧，胶质较多，一头大一头小。

（3）上脑：也称上前槽，位于靠头部脊背，瘦中夹肥，肉质娇嫩，适合炸、炒、炖、糖醋等烹调方法。

（4）夹心肉：位于上脑肉的下方和前蹄髈上方，筋膜较多，肉质较老，适合做馅，做丸子。肉上面是小排骨，小排骨肉质老嫩适中，排骨适合做多种佳肴或炖汤。

（5）前蹄髈：也叫前肘子，皮厚筋多，胶质重，适用于红烧、清炖等，如冰糖蹄髈。

（6）颈肉：也叫槽头肉，在猪头肉与夹心肉之间，此处是宰杀猪的刀口处，多具污血，肉色发红，肉老质次，肥瘦不分，含淋巴较多，多用于制馅，甚至不用于制作菜肴。

（7）前脚爪：只有皮、筋、骨，没有肉，削去蹄壳才能烹制食用。一般多用于红烧、酱、煮汤、制冻等。前脚爪的蹄筋不如后脚爪的好。

（8）里脊：脊骨尾部内侧有一条圆筒形的肉就是内里脊（也称梅子肉）。里脊肉质细嫩，适用于爆、熘、炸、炒等，如糖醋里脊。

（9）通背：包括外脊、大排骨。大排骨取下后的一条瘦肉就是里脊肉，大排骨筋少肉嫩，用于炸、煎、烤等。外脊俗称"通脊""硬脊""扁担肉"，是较嫩的部位，用于炸、爆、炒等。

(10)五花肋条：排骨下面的一块肥瘦相间的肉，也可说是前腿后面、后腿前面、脊背下部、奶脯上部的一块肉，肥瘦肉有规则地间隔排列，呈五花三层，用于煮、氽、红烧、粉蒸、炖、焖等，如红烧肉。

(11)奶脯：俗称"肚囊子"是前腿与后腿之间，猪腹部的一条肉，是肥肉，质量较差，一般皮制冻，肉炼油（猪油）。

(12)臀尖：靠近猪后腿脊背处的一块肉，肉质嫩，可代替里脊肉，位于臀的上部，都是瘦肉。适用于爆、熘、炸、炒等，炒制的猪肉通常选用这个部位。

(13)坐臀：后腿上方紧贴内肉皮的一块长方形肉，一端厚、一端薄，肉质较老，丝缕较长，一般用于煮、酱、炒等。

(14)外档：又名"弹子肉"，前部的瘦肉肉质较嫩，可代替里脊肉，多用于炒、炸、爆。

(15)后蹄髈：又称后肘子，位于后腿膝盖上部和坐臀、外档的下方，品质与前蹄髈相近，肉质坚实，可用于红烧、清炖等。

(16)后脚爪：脚爪要削去蹄壳，品质与前脚爪相近，从后脚爪抽出的蹄筋质量比前蹄筋好，多用于酱、煮或制冻。

通过这些分档后所剩余的碎肉都可用来做肉馅，而肉皮则可用来炸皮肚或炒皮丝，骨头制汤。

2.牛的分档取料

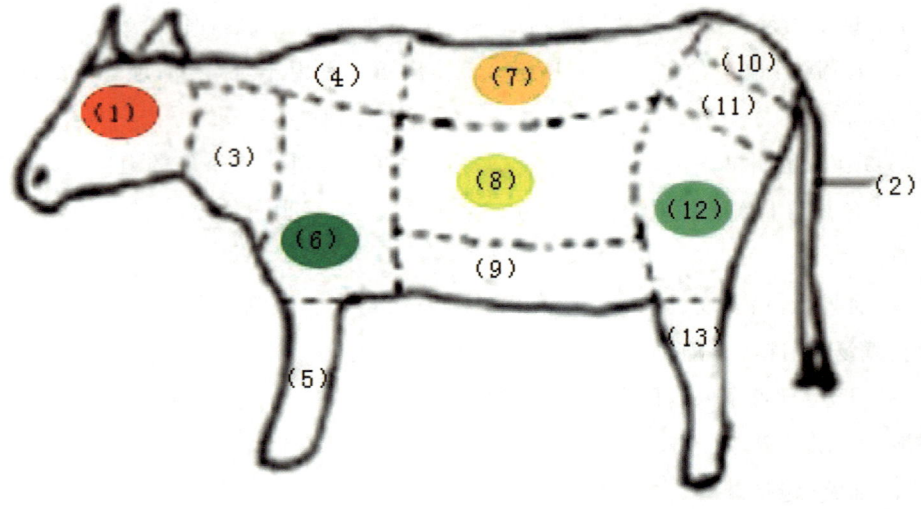

图6-2

(1)头:头是从宰杀刀口至脑顶骨处。皮多骨多,肉少且肉中多筋膜。适用于酱、烧、煮等烹调方法。

(2)尾:尾是尾根部至尾末端。肉质较肥美,适用于煮、炖、烧等烹调方法。

(3)颈肉。颈肉即牛脖颈肉,肉质较差,可用于红烧、炖、制馅等。

(4)上脑:位于脊背前部,靠近后脑处,主要包括背最长肌和斜方肌等。肉质肥嫩,可切丝、丁、片、条、块等,适用于烤、炒、烧、涮等烹调方法。

(5)前腿:位于上脑下部,颈肉后部,即胸肉,主要包括胸升肌和胸横肌、三角肌等。其中胸升肌、胸横肌肉质较老,适用于酱、红烧、炖等烹调方法。三角肌即嫩肩肌,肉质较嫩可用炒、熘等方法。

(6)前腱子:前腱子是牛的前臂骨周围,即牛前膝下部,蹄的上部。前腱子肌肉紧凑,肉质较老,筋腱较多,适用于酱、煮、烧等烹调方法。

(7)里脊:又称牛柳,解剖学上称为腰大肌。里脊是牛肉中最嫩的一块肉,但较小呈扁圆形,内有细筋。牛柳肉质细嫩,可切丁、丝、条、片、块等,适用于烤、熘、炒等烹调方法,可制作"蚝油牛柳""烤牛排""烤肉片"等菜肴。

(8)外脊:又称"西冷",位于牛脊背两侧的肌肉,即脊骨外,呈长条形,外有一层筋,肉质细嫩又较大,所以是使用价值较高的一块肉,可代替里脊使用,可切丝、丁、片、条、块等,适用于爆、炒、炸、熘、火锅涮肉等多种烹调方法,可以制作"烤牛排""烤肉片""蚝油牛肉"等菜肴。

(9)腩肋:腩肋位于胸部肋骨处。肉中夹筋,肥瘦均匀,适用于红烧、炖、煨等烹调方法。

(10)胸脯:又称"奶脯",位于腹部。肉层较薄,附有筋膜,一般用于红烧等烹调方法。

(11)米龙:米龙位于尾根部,前接外脊,即臀股二头肌大米龙和半腱肌小米龙,相当于猪的臀尖,其肉质较嫩,可切丝、丁、片、条等,适用于炸、炒、爆、熘等烹调方法。

(12)里仔盖:又称"底板",位于后腿紧贴肉皮的一块呈梯形的肉,前后薄,中间厚,相当于猪的坐臀肉。该肉上半部肉质较嫩,下半部稍老,肌纤维较紧密。可切丁、丝、条、片、块等,一般可用于炒、炸、熘等烹调方法。

(13)仔盖:仔盖位于元宝肉与里仔盖左右相连处,相当于猪的黄瓜条肉。肉质细嫩,用途与米龙相同。

(14)后腱子:后腱子在牛的胫骨周围,即牛后膝下部,蹄的上部。后腱子肌肉紧凑,肉质较老,筋腱较多,适用于酱、煮、烧等烹调方法。

3.羊的分档取料

羊肉的分档取料,与猪牛类似。现将羊的部位和用途概述如下:

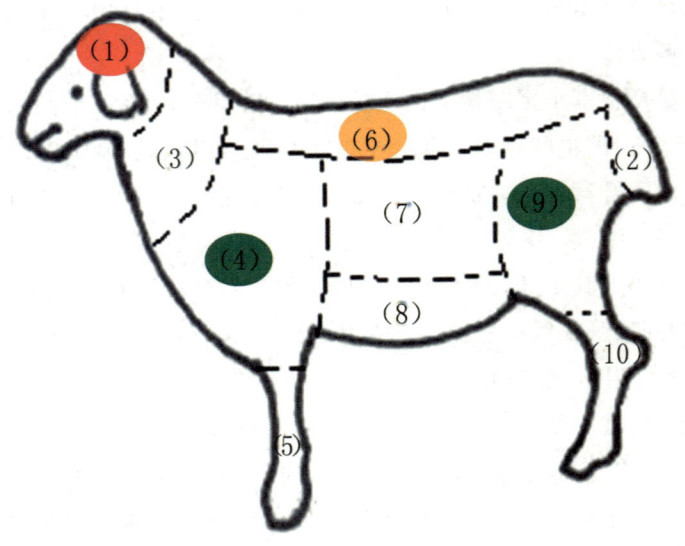

图 6-3

(1)羊头：筋、皮、骨多，肉少，适用于酱、煮等。

(2)羊尾：绵羊尾脂肪较多，没有瘦肉，质感肥腻，膻味浓烈，适用于炒、爆、炸等；山羊尾皮多肉少，质感肥腻，则适用干烧、卤、酱、白煮、炖汤等。适于炸、烧。

(3)颈肉：也称脖肉。筋多质老，结缔组织多，适用于烧、煮、酱、炖、卤等。

(4)前腿：包括前胸和前腱子的上部。前胸中胸口肉肥瘦相间，质感脆嫩，适用于炒、氽等；其他部位肉质较差，适用于烧、卤、酱、煨等。

(5)前腱子：色红筋多，肉质老硬，适用于卤、酱、烧、炖、焖等。

(6)脊背：包括里脊、外脊等。里脊位于脊椎骨后端，紧靠脊骨的肉，长条状，纤维细长，是羊肉中最嫩的一块肉，外面包着筋膜，使用前剔去筋膜，用途很广。炸、熘、爆、炒、煎等都适宜。外脊位于脊椎骨的外面，长条状的肉，外面有一层坚硬的筋，纤维斜而细嫩，在羊肉中，肉质最好，用途很广。

(7)肋条：又称羊肋、方肉。肋条肉位于肋骨外侧，去掉肋骨即为肋条，板形，外部包有一层薄膜，肥瘦混合，质地松软。适用于扒、烧、焖和制馅等。

(8)胸脯：前部肥多瘦少、无筋膜，性嫩脆，适用于烤、爆、炒、烧、扒、焖等，后部(肋骨的后端，常弥腰窝)肥瘦相间，内有筋膜，肉质较老，适用于卤、酱、烧、炖等。

(9)后腿：比前腿肉多而嫩。位于臀尖的肉称大三岔(或称大三叉、一头沉)，羊尾巴根的前端，肉质松嫩，肥瘦掺半，上部有一层夹筋，剔去筋后都是嫩肉，适用于炒、煎、炸、氽、烩、烤、涮等。位于腿内侧裆部的肉称磨裆肉，形如碗状，肥多瘦少，纤维交错，形状如碗，肉质粗松，其肉较肥，边上有薄筋，适用于烤、炸、爆、炒等。其他部位的肉如黄瓜肉、元宝肉等，肉质较嫩，用法同脊背肉。

（10）后腱子：肉质和用途与前腱子相同。

（二）禽类原料的分档取料及操作步骤

鸡、鸭、鹅等禽类原料的骨骼结构及肌肉组织结构基本相同，现以鸡为例介绍家禽的分档取料。

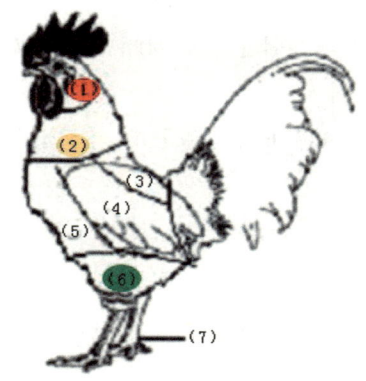

图 6—4

（1）鸡头：主要是骨骼，肉少，胶元蛋白丰富，可用于制汤、卤、酱。

（2）鸡颈：主要是皮，皮下含有淋巴（食用时应去除），皮韧而脆，肉少而细嫩，可用于制汤、煮、卤、酱、烧等。

（3）脊背：是鸡背部两边各有一块形态像板栗的肉，俗称"栗子肉"，此肉不老不嫩、无筋，可用于爆、炒等用。

（4）鸡翅膀：俗称"大转弯"，分三个部分，靠近鸡身的为鸡根、翅中、翅尖，鸡翅膀不宜出肉（特别是翅尖），可用于酱、烧等。

（5）鸡脯肉：即鸡的胸脯肉，其中紧贴胸骨有两条肉，是鸡身上最细腻的部位，俗称"鸡牙子"。胸脯肉仅次于"鸡柳"，多用于爆、炒、熘或制蓉。

（6）鸡腿肉：肉较厚、筋多、较老，一般用来切丁、斩块，可用于烧、炖、焦熘等。

（7）鸡爪：又称凤爪，皮厚筋多，胶元蛋白丰富，可用于制汤、酱、卤、烧；也可用于制作冷菜。

2.家禽分档取料的操作步骤

（1）背脊部分。鸡皮紧包着背椎骨，生鸡通过拆卸后，鸡皮都被鸡腿和鸡脯带走，往往只剩下骨架，鸡骨架肉质较少。

（2）腿肉部位。取腿肉时，用刀沿腿腋割开皮肉，随即用刀跟紧贴在臀部骨的顶端割破筋膜，使骨头露出，再将腿弯处骺骨的筋割断，用刀根撬住鸡身，将腿向里拉就卸下来了。然后将鸡翻一个身，用同样的办法取下另一只鸡腿。取出大腿骨时先将腿肉割开，露出骨头，在膝盖处将骨割断（即用刀割断股骨与胫骨接头处筋络)刮净骨上的肉便可拉出。

(3)胸脯部分。两只鸡腿卸下后,从鸡颈处用刀顺脊背划一刀至尾部(鸡太老时可从颈部锁骨处下刀沿着龙突骨一侧划一下,以便拉下鸡脯),然后在翅膀与鸡身骸骨处割一刀,将筋割断,将鸡头朝外,右手持刀用刀根揿住翅关节,左手抓住鸡翅向后用力拉,半边的胸脯肉就可取下来。再用同样的方法卸下另一边胸脯肉。鸡脯肉很嫩,宜用于切片、丝等。卸下胸脯后可以看见,龙突骨的两侧各有一条牙肉(谷称鸡芽子),可用刀将连在骨上的筋划断,将肉取下,此肉是鸡身上最嫩的部分,是切片、制馅的上好原料。

(4)鸡翅膀。鸡翅膀是和鸡脯同时卸下的,鸡翅膀一般不宜出骨(有的肥嫩翅膀也可出骨取肉)。

(三)水产品的出肉与分档取料

1.一般鱼类的分档取料

一般鱼类的体形较为相似,烹调时一般都需要进行分档取料。鱼体通常可分为鱼头、鱼尾、鱼中段三部分。

(1)鱼头:下鱼头应紧靠胸鳍后端,垂直下刀。鱼头一般肉少骨多,常用于煮汤,如"砂锅鱼头"等。

(2)鱼尾:去鱼尾要紧靠臀鳍前端垂直下刀。鱼尾肉质鲜嫩,可单独红烧或煮汤,也可与鱼头合用制作风味佳肴,如:"红烧青鱼头尾""红烧划水"等。

(3)鱼中段:这部分即去掉头尾的鱼身,烹调时通常需将鱼身一剖为二。具体操作方法是:将鱼平放置砧墩上,头向左,背朝里,左手按住鱼,前部右手持刀从尾部约上6厘米处杀入鱼体,碰身骨时将刀放平,紧贴身骨平片到头部鳃处,取下两面的鱼肉(不带身骨的称软面,带有身骨的称为硬面)。中段肉厚,软面去肚档后可切片、丁、丝、条等,也可制鱼蓉。取下的鱼腹部分,肉质肥嫩,可做出风味菜肴如"红烧肚档"等。不去肚档的硬面可用于红烧、干烧等。

2.一般鱼类的出肉加工

(1)棱形鱼类的出肉加工

棱形鱼类的出肉加工是把鱼放在案板上,头朝外,鱼腹朝左,用片刀在鱼的背部沿着背脊骨横片进去,片下鳃后到鱼尾的肉,然后再片另一面。这样,鱼的头、尾、背骨就和鱼肉分离,留出两片连皮的鱼肉。然后再把一片连皮的鱼肉放在案板上,皮朝下,用片刀从中间切到鱼皮为止,然后沿皮斜刀片下鱼肉;另一端鱼肉也用同样的方法片下。另一片鱼也用此法片下净肉。

一条整鱼已分解为鱼肉、鱼皮、鱼骨、鱼头、鱼尾五部分。鱼肉细而嫩,可切成片、丁、段、块等,用作炸、炒、爆、煎的原料,鱼骨、鱼头、鱼尾可煮汤配菜。

(2)扁形鱼类的出肉加工

以鲳鱼为例,先将鱼头朝外,腹向左平放在菜墩上,顺鱼的背侧线划一刀直至脊骨,再顺着刺骨劈进去,直到腹部边缘,然后将一面鱼肉带皮取下,再将鱼翻过来,用同样的方法,将另一面鱼肉取下。最后将鱼刺去掉即可,这类鱼肉体形较薄,一般适用于整片煎、炸等。

(3)长形鱼类的出肉加工

① 鳝鱼生出骨法:用刀将鳝鱼从喉部向尾部剖开腹部,去内脏,洗净抹干,再用刀尖沿脊骨剖开一长口,使背部皮不破,然后用刀铲去椎骨即成鳝鱼肉。鱼肉可制作"炒蝴蝶片""生爆鳝背""炖鳝酥"等。② 鳝鱼熟出骨法:先用锅将清水烧沸,加入盐、醋、葱、姜、黄酒,然后倒入活鳝鱼,迅速加盖,烫至鳝鱼的嘴张开,捞出用清水洗净。放在墩面从腹部下刀划开,背部完整的叫"单背划",背部划成两条的叫"双背划"。

3.虾的出肉加工

常见的虾类主要有海虾和河虾两种。海虾以对虾为代表,河虾一般产在淡水江、湖、河中。现将其初步加工方法分述如下:

对虾:首先剪去虾的须爪,剥去外皮,再取出虾头部的沙包和脊背部的沙线,用凉水洗净即可。

青虾:首先把青虾用凉水洗两次,让虾吐出泥沙和杂物洗净,再进行出肉加工。出虾仁一般采用挤的方法,一手捏住虾的头部,一手捏住尾部,将虾肉向颈部一挤,虾肉即脱壳而出。但挤出的虾肉,只有虾身,没有虾头。对较大的虾,则用剥的方法。剥速度慢些,但肉形完整,出肉率高。虾仁出好后,应用清水加盐洗净,沥干后存放冰箱备用。

4.蟹的出肉加工

出蟹肉也称出蟹粉。出肉前先把蟹煮或蒸至壳呈红黄色。出肉时分为腿、螯、脐、身四个部位处理(应注意死蟹多变质有毒,不宜食用)。

出腿肉:蟹腹朝上,头朝外,用手向前扳下蟹腿,剪去两头。可利用擀面杖在蟹腿上挤压,即可挤出腿肉。

出螯肉:扳下蟹螯,先用刀轻拍破壳,再剥掉壳,肉即取出。

出蟹黄:扳下蟹脐,挖下小黄,再剥去蟹壳(蟹的背甲),挖出蟹黄即可。

出身肉:整只蟹除去腿、螯、背、脐后,即为蟹身。用刀将蟹身片开,再用尖刀剔出蟹肉。

5.贝壳类的出肉加工

(1)鲜贝

摘去鲜贝黄和脐(靠一边的硬筋),用凉水洗净即可。

(2) 鲜鲍鱼

将鲍鱼去掉硬壳，用凉水洗一次，摘掉鲍鱼的边缘，用凉水洗净即可。

(3) 鲜海螺

将海螺由壳内抠出，用刀把海螺盖处的皮切去，摘去螺黄及硬肉，再用凉水洗净即可。

三、干货原料的初加工

最近几年在我国的水产品市场上出现的这些看似饱满透亮的鱿鱼，却是经过"火碱水"、福尔马林和工业双氧水浸泡处理过的毒鱿鱼。食用这种方式处理过的鱿鱼不仅会对人体的内脏器官产生极大危害，甚至会引发癌症。"干鱿鱼"由新鲜鱿鱼经过加工干制而成，因为蛋白质含量较高，干鱿鱼只能在碱性溶液中轻度变性，极大地增强鱿鱼的吸水性，使干鱿鱼体积产生大幅度的膨胀。一些经营水产品的老板介绍说，一般火锅店用的全是那种发起来的鱿鱼，它都用那种火碱，一斤"干鱿鱼"能发五六斤。专家介绍，福尔马林是防腐剂，火碱学名为氢氧化钠，是国家明令禁止的食品添加剂，而工业双氧水是强氧化剂，里面含有较多的铅、砷等有毒物质，食用这种物质处理过的鱿鱼将对人体产生非常大的危害。

(一) 干货原料涨发的概念和意义

1. 干货原料涨发的概念

干货原料是将烹饪原料运用日晒、风吹、烘烤、灰焐、腌渍等干制加工方法，使新鲜的原料脱水干燥而成的干制品。

根据干制品的具体特性，干货原料可分为动物性干制品和植物性干制品两大类。

干货原料的复水并不是干燥历程的简单反复。这是因为干燥过程中所发生的某些变化并非可逆。干货原料复水性下降，究其原因是有些细胞和毛细管萎缩和变形等物理变化的结果，但更多的还是胶体中物理变化和化学变化造成的。

由于干料多样性的存在（品种的多样性，同种多品级性，同料干制加工的多样性），在使用不同的涨发方法的情况下，使干料重新吸水、湿润、膨化后再吸水，回原料原有的柔软状态，以达到食用的目的。

干货原料的涨发加工就是利用烹饪原料的物理性质，进行复水和膨化加工，使其重新吸水后基本上恢复原状，除去异味和杂质，合乎食用的要求，利于人体的消化吸收，此过程简称"发料"。

干货原料的涨发就是利用干货原料的物理性质，采用各种涨发方法使干货原料吸水，最大限度地恢复其原有的鲜嫩、柔软、爽脆的状态，同时去除原料的异味和杂质，使其合乎食用的要求。

2.干货原料涨发的意义

(1)作菜肴主料使用,具有特殊风味

干货原料中的山珍海味在烹调中大多作为主料使用。它们在宴席的大菜或主要菜肴中,具有独特的风味特点,形成了许多脍炙人口的名菜,如"红烧大群翅""蒜子鱼皮""鸭包鱼翅"等。

(2)作菜肴配料使用,具有特殊风格

干货原料涨发后由于其松软、脆嫩、味美等特点,因此在与其他原料组成配合时可形成特殊风格,如"干贝珍珠笋""猴头蘑扒菜心""香菇炖鸡"等。

(3)作菜肴馅料使用,具有特殊味道

涨发后的许多干货原料,如干贝、鱼肚、海参、海米等,可用来作菜肴的馅料使用,具有特殊味道,如"菠饺鱼肚"等。

3.干货原料涨发的要求

干货原料复水后,并不能完全恢复原状。原料的复水性下降有多方面的原因,如细胞和毛细管的萎缩变形,其主要原因是胶体中发生的物理变化和化学变化:新鲜原料失去水分后,盐分增浓和热的影响使蛋白质部分变性,失去其在吸水或与水分子相结合的能力,同时还会破坏细胞壁的渗透性,细胞受损后(受损一般表现为干裂和起皱),在复水时就会因糖分和盐分流失而使持水能力下降,不能达到原有的饱满状态。因此,干货原料的涨发操作是一个比较复杂的过程,要使干货原料达到预期的涨发效果,需做到以下几点。

(1)注意原料的产地和性质

不同地区的同种原料性质各不一样,不同性质原料的涨发要求也就不一样。了解干货原料的产地、种类和性质是采用正确的涨发方法的前提。如鱼翅,吕宋黄、金山黄等翅板较大、沙大、质老,涨发时需多次煮、焖、浸、漂,才能煺沙、除腥、回软;而对于皮薄质软的一般鱼翅,浸、泡、煮、焖的次数就少些。

(2)准确鉴别干货原料的品质

干货原料的品质有老、嫩、优、劣之分,其受干制方法和保藏等因素的影响,涨发时需鉴别原料的品质,以便取得良好的涨发效果。如咸水鱼翅质地稍软,由于回潮而带卤性;淡水鱼翅质地坚硬;熏板翅涨发时外面沙粒很难除尽,需细心除沙;油根翅易回潮,翅根刀割处的肉易腐烂,呈紫红色、腥臭,需浸泡至软去腐肉再行涨发。

(3)掌握程序,认真操作

干货原料不同的涨发方法有不同的涨发程序,有各自的技术要领,每个操作环节紧密相连,如有不慎则前功尽弃,所以必须掌握各种涨发方法的程序,认真操作。如油发蹄筋要掌握好油温,以碱水去油时要掌握好碱水的浓度和水温。

(二)干货原料涨发的方法

1. 水渗透扩散发料法

(1)基本原理

鲜活的动、植物原料体内富含大量的水分。含水分多的原料容易腐败,不易长时间储存。为了较长时间地储存和运输方便,我们把一些适宜脱水干制的原料加工成干料。但这些干料不能直接使用,必须补给水分尽量恢复原状后方可使用。所以用水来浸泡干料,使水沿着原来体内水分蒸发而出的通道进入干料体内。由于水的渗透扩散作用,使干料体积逐渐膨润而变得软韧,基本恢复原状,以供烹调使用。

将干料放入水中,干料会逐渐吸水膨胀,质地由坚韧而变得柔软、细嫩或脆嫩、黏、糯、软,以达到烹调加工的要求。用水涨发干料的优点在于能保持原料中的营养成分不受破坏或少受损失,操作简便,使用面广。

(2)涨发方法

① 冷水发

冷水发是指把干料放在室温条件下的冷水中,将干料直接静置,使其自然吸收水分,尽量恢复新鲜时软、嫩状态的涨发过程,这种发料方法就叫冷水发。冷水发料的优点是操作简单易行,并能基本保持原料原有的鲜味和香味。

冷水发主要适用于一些植物性干制原料,如银耳、木耳、黄花菜、粉丝等。冷水发是热水发、碱水发的预发过程,可以提高干制原料的复水率,以避免或缓解某些干制原料的表面破裂和受到碱溶液的直接腐蚀。

冷水发料,一般有浸发和漂发两种涨发方法。

② 热水发

热水发指用60℃以上的水,将干制原料放入热水中浸泡,使原料加速吸收水分而体积膨胀,是冷水发的继续。热水发的干制原料应先用水浸泡,再把干料放在热水中涨发,使其成为松软嫩滑的全熟或半熟的半成品。

热水涨发主要利用热水的传导作用,促使干料体内分子加速运动,加快吸收水分。热水涨发主要适用于组织致密、蛋白质丰富、体形较大的干制原料。根据干制原料的不同,有泡发、煮发、焖发、蒸发等几种涨发方法。

泡发:泡发是将干制原料置于容器中,用沸水直接冲入容器中涨发的过程。主要适用于粉条、腐竹、虾米和经碱发后的鱿鱼。有时容器需加盖,以保持温度的持久性。

煮发:煮发是将干料放入涨发水锅中,由低温到高温逐渐加热至沸腾状态,使干货原料体积膨胀的涨发过程。此方法主要适用于体大厚重和体质特别坚韧的干制原料,如熊掌、海参、牛蹄筋、鱼翅等。煮发时间为10~20min不等。有的时候还需要适当保持一段微沸状态，有的还需反复煮发。

焖发：焖发是与煮发相连并相辅相成的方法。将干制原料加热煮沸，而后置于保温的容器中或换小火保持一定的温度，持久地加热直至发透，这实际上是继煮发之后的后续过程。用煮发的涨发方法发料，加热必须适度、适时，既不能用急火，也不能煮的时间过长（以防止原料外层皮开肉烂，而内部却仍未发透）。所以水的温度要因物而异，一般为60～85℃不等，并且在煮到一定程度时需改用微火，或将锅端离火口，盖紧盖子使温度逐渐下降，让原料由外到里全部涨发透。

蒸发：蒸发是将干制原料放入盛器皿内，加入水或高汤、料酒，置于蒸笼内，加热2～3h，使其涨发的过程。凡不适于煮发、焖发的干料，或者焖发后仍不能发透的原料均可采用此方法。蒸发不但可以保持原料的特色风味和形态，还可以增加原料的鲜美滋味。

蒸发主要适用于一些体小易碎或具有鲜味的干制原料，蒸发可最大限度地保持原料的形状和鲜味，使其形状不易变化和减少营养流失。对一些高档原料，蒸发可以有效增加原料本身的鲜味和去除其中的异味。如干贝、海米、蛤士蟆、乌鱼蛋、燕窝、鱼翅等。

热水发料是一种广泛应用的发料方法。应根据原料的性质、品种，采用不同的水温和涨发形式。可采取一次性的形式，也可采取多次反复和不同方法合用的形式。此方法加工后的原料已成为半熟、全熟的半成品，经切配后就可烹调成菜，因此对菜肴的质量影响很大。过度则形、质软烂不美观；发不透则僵硬，无法食用。只有掌握好发料的时间、火候，才能获得较好的发料效果。

2.碱溶液渗透发料法

(1)基本原理

碱发是将干制原料置于碱溶液中进行涨发的过程。主要适用于一些动物性原料，如鱿鱼、蹄筋等。

(2)涨发方法

①碱面（碱粉）发

碱面发是先将干料用冷水或温水泡至回软，再用花刀切成小块并在表面沾满碱面，涨发时先用开水冲烫成形，然后用清水漂净碱分。此方法的优点是沾有碱面的原料可存放较长的时间，用多少发多少，随用随发。

②碱水发

生碱水

生碱水（又称石碱、碳酸钠）。溶液腐蚀性较弱，适用于富含蛋白质的原料，方法是将10kg冷水（秋冬可用温水）加入500g的碱面溶化后调和均匀即为5%的生碱水溶液。在使用中还可以根据需要来调节浓度。在浓度较小的情况下，可对燕窝、猴头等高档原料涨发。

碳酸钠溶液在涨发过程中,应将浸泡回软的原料放入碱水中,待涨发到一定程度时,再根据烹调的要求,放入90℃的热水中烫泡,然后将原料放入清水中除去表面的碱分,即可用于制作菜肴。一般用于烧、烩类菜肴的制作。

熟碱水

熟碱水(又称混合碱溶液),它是利用碱和石灰混合后发生化学反应,生成强碱物质氢氧化钠的原理配制。方法:在9kg开水中加入350g碱面和200g生石灰拌和,使其冷却,沉淀后取其清液,即可用于干料涨发。

碱水发在操作过程中要注意以下几点:

A.必须根据原料质地性能确定用碱分量,不能过多。

B.掌握碱水浸发的时间,透身即可。

C.涨发后必须用清水漂去碱味。

D.禁止使用有致癌作用等有损身体健康的碱性物质,如烧碱等。

3.蓬松吸水发料法

(1)基本原理

蓬松吸水发料法指将原料投入传热介质(油、盐)中,骤然受热使原料内部聚集在组织空间的水发生汽化,组织内部的压力加大到一定程度,冲破组织外逸,破坏了原料的原始组织结构,使体积膨胀,原料所含的部分油脂排出,使质感蓬松。主要适用于猪皮、蹄筋、鱼肚的涨发。

(2)蓬松方法

①油发(油作介质蓬松法)

油发又称为炸发,就是用油将干货原料炸透,使其达到膨胀、疏松、香脆的方法。油发干料是通过油的传热,使干料中的结合水受热汽化膨胀和蛋白质胶体颗粒受热后产生膨胀并定型,经水浸润后便可回软。油发需结合碱溶液浸泡和清水漂洗,利用碱的电离作用和脱脂作用脱去油脂,使其清洁干净。油发干货的一般过程是先用温油浸炸,再用热油炸至膨起。食用油经过加温可以达到比较高的温度,一些胶质含量比较大的动物干货原料,如鱼肚、花胶、蹄筋等在较高油温作用下,会逐渐膨胀发大,并且变得疏松香脆,比原来体积增大几倍,用油浸发后,变得松软香滑。油发的关键主要在于掌握好以下几点,即原料落锅油温,浸炸过程的油温和时间,原料捞起的油温,原料涨发的程度等,油温会因原料质地性能不同而有所区别,油温掌握不好,涨发质量便会差,甚至完全失败。油发的操作具有一定的难度。

②盐发(盐作介质膨松法)

盐发是将干制原料置于加热的大量盐粒中,使原料中的水分汽化,形成物料组织的空洞结构，使之膨胀松脆，再复水成为半成品的涨发方法。盐发的作用原理与油发基本相同，一般可用油发的原料也可用盐发。

在涨发过程中食盐呈全颗粒状，传热没有液态的油脂那么均匀，操作时需要不停翻炒，经常焙、焖。盐发对干货原料的含水量要求不甚严格，受潮回软的也可以涨发。因盐发所需时间较长，允许原料在涨发过程中干燥。

4.其他涨发

过去砂发也是一种涨发方法，但现在的砂发主要是为了物料受热均匀，而非为了使物料的膨化涨发。

在传统的干货原料涨发方法中，有人将碱面发和火发作为两种干料涨发方法。碱面发是指用纯碱腌制浸泡回软的原料，放置待用，需要时用开水冲烫即可。火发是指用明火烧或烤去一些表皮带毛、鳞的干料，如乌参、岩参等。但从它们的操作过程来看，真正使原料恢复鲜嫩松软状态的不是纯碱腌和明火烧，而是开水烫和沸水煮，由此可以看出纯碱腌和明火烧只是对干料涨发前的处理手段，并非真正的涨发方法。

5.干货原料涨发的注意事项

涨发干货原料的基本要求和有关事项：

(1)了解干货原料的产地、性能与老嫩、好坏。

同一种干货原料，由于产地不同，其质地也有所不同。即使是产地相同的同一干货原料，也有大小、老嫩之分，或因脱水干制方法的不同，使干货原料的性质也有差异。因此，要了解干货原料的产地，善于分辨同一干货原料的不同特点与性质，相应地采取合适的涨发方法，以期收到最佳的涨发效果。

(2)熟悉和掌握干货原料涨发过程的具体操作要求和操作方法。

有些干货原料涨发容易，程序简单，如香菇等，浸泡冷水，去伞柄洗净即可。但有些干货原料，涨发加工程序繁复，颇费工夫，如鱼翅涨发要经过反复数次的清水浸，沸水煲，中间又要除沙脱骨，最后还需经过长时间的(煲)炖，前后要两三天的工夫。且在加热的过程，什么时候需旺火，什么时候应中火、微火，也十分讲究。如果不了解鱼翅涨发过程需经过什么环节，每个环节的具体要求怎样，是不能把鱼翅涨发好的。

干货原料在涨发时，逐步回软返嫩，因此在除污去杂时要小心谨慎，不要破坏原料的原来形体，不要把一些易碎易断的原料弄得支离破碎，凌乱不堪。在浸漂时，还必须注意容器的干净清洁，不能用沾有油腻、污垢的容器浸泡或漂洗，以免影响原料的质量，尤其是对一些名贵的干品，更需认真对待。

(3)干制原料涨发完毕后要妥善保存，保存方法有冰镇法、换水法、阴凉保存和通风保管等方法。保存方法不当会造成原料的损失。

(三)干货原料涨发实例

1.香菇

香菇营养丰富,味道鲜美,将香菇放在容器内,倒入60～70℃热水,加盖焖2h左右,然后用手顺一个方向搅动,使菌褶中的泥沙脱落,片刻后,将香菇轻轻捞出,原汁水滤去杂质留用。

注意事项:吸水要充分,体形完整,无杂质,整体回软,无硬茬。

2.木耳

将木耳(包括黑木耳、银耳)放在盛器内,加冷水浸泡2～3h,使其缓慢吸收水分,待其体积膨大后,用手摘去其根部及残留的木质,然后用水反复冲洗,双手不断挤捏,直到无泥沙时即可。

注意事项:吸水要充分,体形完整,无杂质,色泽要黑亮。

3.莲子

将莲子倒入碱开水溶液中,用硬竹刷在水中搅搓冲刷,待水变红时再换水,刷3～4遍,莲子皮脱落,呈乳白色时捞出,用清水洗净,滤干水分后,削去莲脐,用竹签捅去莲心,洗净加清水上笼蒸15～20min,换清水备用。

注意事项:注意蒸发的时间,做到酥而不烂,保持原料外形完整。

4.竹荪

干竹荪涨发时用热水浸泡3～5min,捞出放温水中加少许碱浸泡,去净杂质,漂洗干净备用即可。

注意事项:涨发的竹荪要色泽洁白,成形完整。

5.虫草

先将虫草放在盛器内,用冷水抓洗两遍,洗去灰沙,然后,拣去杂草,放在小碗里,加入葱、姜、料酒、清汤或水,上笼蒸约10min,等到虫草体软饱满,即可取出待用。

注意事项:虫草涨发要彻底,无杂质、无残缺、形态完整。

6.口蘑

口蘑分为口丁、口片、口蘑三种。口丁是较小的蘑菇,白色,伞顶未展开,质量较好;口片是已经开展的大口蘑干片,以无梗、色泽白中带黄,只形整齐者为上品;口蘑是原只蘑菇,质量和口片大体相同,由于带梗,涨发性较差。

(1)用水洗净,抠去老根,放盆内,添水上笼,蒸十分钟,捞在开水中浸泡,原汁留用。

(2)将口蘑先在冷水中浸泡半小时捞出,用刷子刷去菌伞和菌柄上的泥沙,再用剪子将菌根剪去。用清水洗净,放在温水中浸泡,浸泡后的汁不要扔掉,澄清后去掉沉淀物可以使用。

注意事项：用温水浸泡时，水不宜太多，否则会影响口蘑的本味。

7.猴头菌

猴头菌的涨发方法是先用冷水浸软，再用开水泡1~2h，放在清水中剥去老根，切成厚片，每片上须带上猴毛，并用清水煮透，换水再煮，如此3~5遍去除苦味。然后放在盆中加少许葱段、姜片、料酒和鸡肉、上汤上笼蒸1~2h备用。用时再切成小型的片或块即可。

注意事项：涨发猴头一定先用温水把它泡至回软，洗净砂质，再换水煮至涨透，然后把涨透的猴头去掉根蒂和长毛。

8.冬笋

将冬笋用淘米水浸泡10个小时左右，取出洗净入冷水锅煮沸，然后原汤浸焖直至水凉，待其变软后取出，切去老根。洗净入冷水锅中煮沸浸泡，这时如有泡好的应挑出，比较老硬的还需继续煮焖，直到全部涨发好为止。

9.海带

先将海带用冷水浸发半小时，然后用细毛软刷边刷边冲洗，刷去白色的灰沙和盐，再放在盛器内，用热水泡发10分钟，然后将已发透的海带取出，倒入少许米醋，捏擦海带表皮，使表面黏液浮起，最后用清水反复冲洗干净即可。

注意事项：海带涨发时要避免涨发过度，以免引起海带爆皮破碎。海带的涨发率是700%~800%。

10.发菜

将发菜放在盛器内，倒入沸水，让其泡发。待发菜膨胀、松软后即倒入网筛内，边漂洗边拣去杂草、梗等杂质，然后继续漂洗，待水清不混浊即可。

注意事项：发菜的涨发率约800%。

11.蹄筋

蹄筋的涨发方法有多种，如油发、水发、水油混合发及盐发等。

(1)油发：油发是将蹄筋放入冷油或温油锅中，油量宜多。

将油温逐渐升高，同时用手勺不断搅动待蹄筋漂起并有气泡产生时，将锅端移火口，用余热焐透蹄筋。待蹄筋逐渐缩小，气泡消失，再继续加热，可反复几次。待全部涨发、松脆膨胀后捞出沥干油，放热碱液中浸泡15秒左右，捞出用温水漂洗干净即可。油发蹄筋涨发率高、时间短，但口感稍差些。一般1kg干货原料可涨发成4~5kg湿料。

(2)水发：水发是将蹄筋用淘米水浸泡稍软，捞出后放在沸水盆中，继续浸泡数小时至回软捞出，再放入盆中，添加鲜汤、姜片、葱段、料酒，上笼用旺火沸水较长时间蒸至无硬心即可。水发蹄筋色白，口感糯、韧，弹性足，但涨发率较低，存放时间较短。一般 1 kg 干货原料能够涨发成 2~3 kg 湿料。

12.蛤士蟆油

蛤士蟆亦称中国林蛙，肉体和蛤士蟆油（雌蛙输卵管的干制品）是两个食用部分。

(1)将蛤士蟆用水洗净，再用温水浸泡回软，剖开腹部，取出蛤士蟆油。将取出油的蛤士蟆放入冷水锅煮沸，浸焖数小时，捞出用温水漂洗干净即可。

(2)将取出的蛤士蟆油用温水浸泡 2 小时，使之初步回软，除去表面黑筋洗净，然后装入盛器内，加清水蒸透即可。涨发后的蛤士蟆油体积为原干料的 2~3 倍。

注意事项：蛤士蟆油涨发后的体积要达到原体积的 5 倍。

13.燕窝

燕窝也称燕菜，为高级烹饪原料和滋补品，其涨发分四个步骤。

(1)沸水浸泡：将燕窝用沸水浸泡回软，再用温水漂洗干净。

(2)拣毛：把漂洗好的燕窝放入冷水中，使其自然漂浮，用小镊子仔细拣净其绒毛，再换冷水浸泡。

(3)提质：提质是燕窝涨发的关键步骤。将浸泡的净燕窝放入容器内加入碱粉和沸水焖至水转凉，使其迅速涨发（体积增大三倍），以手捻着有柔软滑嫩之感、不发硬为标准。涨发不足可重复数次。通常 15 g 燕窝加碱粉 3 g、沸水 750 g。

(4)漂洗：将提质后的燕窝用冷水漂洗，去掉碱分、涩味即成半成品。

注意事项：发制燕窝时，应控制好水温与发制时间，要经常检查，视季节和燕窝质地加以调节，以防发不透留有硬心，或发得过度而导致溶烂。发好的燕窝应尽快使用。涨发燕窝的水与工具、器皿都要清洁，不可沾有污物，否则影响质量，摘毛时最好盛入白色盆内便于操作。

14.鱼翅

鱼翅类同于海参，不同产地和质地的鱼翅，视翅老、大、厚和嫩、小、薄的不同，发料流程有所不同。前者以老黄翅（金山黄、吕宁黄、香港老黄）为最老；后者以小包装散翅为典型代表，但总体上是反复水发结合煮发。

(1)老黄翅。首先将鱼翅剪边，冷水浸泡 12 小时左右，使之回软，换水用小火先煮后焖约 2 小时，取出，刮洗翅沙，边刮边洗，如除不尽沙，可用开水焖至沙涨突起后再刮洗，转换清水，小火焖 4~6 小时，至翅根部涨开取出，除根、割腐肉，换水继续焖 1 小时左右，至鱼翅黏糯，分质提取，洗净浸泡于清水中待用。

(2)小包装散翅。先洗去浮尘，用 85~90℃ 热水泡发 1 小时捞出，换高汤或清水，上笼中火蒸发 2 小时左右，洗净浸泡于清水中待用。

鱼翅在涨发中应注意，不能沾有油类、盐、酸等物质，发好的鱼翅忌用铁器盛装,因为铁的某些化学反应会使其产生黄色斑痕。

注意事项:涨发前,必须将鱼翅的大小、老嫩分开,以便分别处理,防止嫩的发烂、老的发不透;忌用铜、铁或带有碱、盐、矾、油等物质的容器盛装,以防污染鱼翅造成黑迹黄斑,影响质量;发好的鱼翅不能放在水中浸漂过久,以免发臭变质。

15.海参

海参的品种较多,质地差别很大,涨发方法也有所不同。目前,行业上以水发为常见,有些地区也使用油发、火发。

海参一般是水发、泡煮相结合,不同品种和质地的海参具有不同的涨发特性。如红旗参、乌条参、花瓶参等皮薄肉嫩型的海参,应少煮多泡;而大乌参、岩参等皮坚质厚型的海参,需先用火烤,再采用少煮多焖的方法。其具体涨发过程分别是:

(1)皮薄肉嫩型。浸泡于冷水中至回软,再放入冷水锅中烧开,改用小火保温焖2~3小时取出,剖腹去肠及韧带,洗净后放入锅中,加清水烧沸后转小火焖2小时左右捞出,换清水再烧沸后焖至充分涨发捞出,撕去腹膜,刮去表面黑衣,洗净后置于冷水中浸泡待用。

(2)皮坚肉厚型。先放在火上将参外皮均匀烤焦,然后刮除焦皮,见到深褐色的肉质即止。先用热水保温浸泡12小时,待参体回软时,剖腹去肠杂洗净,再放入开水锅煮半小时,原水浸泡12小时,另换水烧开5分钟,仍原汁浸泡,如此两三天即成。

注意事项:一是确保清洁,发制过程中和发好后都不要沾到油、盐、酸、碱;二是剖腹去肠杂时,不要碰破腹膜,注意保持形体完整;三是涨发时勤换清水,以去除不良异味。

16.鲍鱼

鲍鱼的涨发有水煮、水蒸法和熟碱水发两种。

(1)水煮、水蒸法:先将鲍鱼用冷水浸泡12小时,刷去污垢并洗净,然后放入冷水锅内焖4~5小时,直至发透,以回软用手捏动无硬心为好。也可将温水浸泡回软刷洗干净的鲍鱼,放入锅中加鸡骨、葱、姜、料酒和水,蒸4~5小时即可。一般1 kg干鲍鱼可涨发成2~3 kg湿料。

(2)熟碱水发法:将干鲍鱼用温水浸泡回软,无硬心时取出,去杂质洗净,用刀平片两三片(注意保持形体完整相连),放入熟碱水中浸泡,每隔一小时轻轻搅动或翻动一次,待鲍鱼表面光亮,内部已透明时捞出,漂洗去碱味,换清水浸泡备用。如有未发透者可再投入熟碱水里重复操作一次。熟碱水配制比例:生石灰50g,食用碱100g,加沸水250g搅匀,待溶化后,加冷水250g搅匀澄清,取清液使用。

注意事项:鲍鱼在发制时要注意季节和质地,夏季碱水浓度宜低。老硬者泡发时间可长些。

17.鱼皮

鱼皮等海味干料采用水发法，一般是先浸泡回软，入冷水锅烧开煮15分钟左右，见皮已经脱沙即可取出，转放温水桶中焖6～8小时，捞出里外刮洗干净，放入开水锅中煮开，再小火焖1小时左右，捞出放清水中浸泡待用。

注意事项：鱼皮涨发时要掌握好涨发时间，并要了解原料自身的性质和特点。

18.鱼肚

一般可用油发、水发、盐发等几种方法，当补品食用的以水发为好，作菜肴的宜采用油发或盐发（因水发易致肉烂，下锅后容易糊化）。

油发鱼肚时要根据鱼肚个体大小，厚薄程度不同确定油温高低与涨发时间的长短。体大质厚的先放入温油锅内，用小火浸焖1～2小时，待其由硬变软时捞出剁成小块后再下锅。下锅后改用旺火，逐渐提高油温，并不断上下翻动，直至涨大发足、松脆为止。体小质薄的鱼肚，可用温油下锅，逐渐加热。待开始涨发时再上下翻动，使其均匀受热、里外发透。将发好的鱼肚用温碱水洗去油腻，用温水漂洗4～5次即可。一般1 kg干鱼肚可涨发成3～4 kg湿料。

注意事项：鱼肚由于有厚有薄、质量不一，操作时关键在于火候，一定要小火温透，随质地种类不同加热时间也不同。

19.鱿鱼

干鱿鱼和干墨鱼的涨发原理与操作均相同，一般采用碱水发、碱粉发两种。

（1）碱水发：将鱿鱼（或墨鱼）放入冷水中浸泡至软，撕掉外层衣膜（里面一层衣膜不能撕掉）和角质内壳（半透明的角质片），将头部与鱼体分开，放入生碱水或熟碱水中，浸泡8～12小时即可发透。

（2）碱粉发：将鱿鱼（或墨鱼）用冷水浸泡至软，除去头骨等，只留身体部分按烹调要求剞上花刀或片，改成小型，滚匀碱粉，放容器内置阴凉干燥处。一般经8小时即可，取出后用开水冲烫，再漂去碱味即可使用。

注意事项：发好的鱿鱼要平滑柔软，呈白黄色，鲜润透亮，用手捏有弹性，涨发好的鱿鱼如使用不完，用开水加少许碱保养，但使用时必须去净碱味。

20.干贝

将干贝用冷水浸泡约20分钟，洗去表面灰尘，去除筋质，置容器中加清水及姜、葱、黄酒蒸1～2小时，至能捏成丝状取出，用原汤浸渍待用。

注意事项：干贝的涨发率约250%。

21.海蜇皮

将海蜇皮放入盛器内，先用冷水浸发2天，待海蜇皮回软、黑衣皱起时捞出，用手剥或用小刀刮出海蜇皮的黑衣，剥净后放入水盆内，边冲边洗，双手不停地捏擦，直到沙质去净。然后根据菜肴的要求，将海蜇皮切成丝或小片，放在篮内并浸泡在盛器内，可以经常地用手搅拌换水，也可以用水漂洗数遍，以彻底去除海蜇皮的沙质。

注意事项：海蜇涨发至脆嫩状态即可。

海蜇皮的涨发率约 300%。

思 考 题

1. 干货原料涨发的意义和目的是什么？
2. 干货原料涨发的要求是什么？
3. 干货原料涨发的主要方法有哪些？常用的方法有哪几种？
4. 简要说明每种涨发方法的基本原理和操作过程。
5. 叙述蹄筋、海参、干鱿鱼、燕窝、鱼翅、鲍鱼涨发过程及注意事项。

第七章

配菜

第七章 配菜

第一节 配菜的意义和原则

配菜也称配膳，配制膳菜就是根据烹调原料的特性、各种烹调方法、不同饮食习性等因素，将刀工处理好的两种或两种以上的主料和辅料或经整理、初加工后的原料加以有机的搭配组合，使之烹制后成为一份完整菜肴。原料经过初步加工之后，还需要根据烹饪的要求，进行必要的搭配，确定菜肴的原料构成，然后才能进入烹饪的工序。

配菜是烹饪前菜肴中主、辅料的选配过程，也是决定菜肴色香味形的基本条件之一。要做好这一工序，既要熟悉烹饪的方法的要求，又要懂得原料的一般性质、分档取料的用途以及不同季节的品种变化等。

配菜的技术并不是一成不变的，对选料的比列要有灵活性，在不影响菜肴质量的情况下，要注意性质相同的原料的代用和多种利用。

配菜是紧接着刀工的各项程序，是刀工与烹调之间的纽带，也是菜肴的设计过程。因此刀工与配菜也可统称为切配。配菜的恰当与否，直接关系到菜的色、香、味、形和营养价值，也决定到整桌菜肴是否协调。

配菜可分为热菜的配菜和冷菜的配菜。

热菜的配菜程序：原料初加工→刀工处理→配菜→烹调→上席。

冷菜的配菜程序：原料初加工→烹调→刀工→装配→上席。

一、配菜的意义

配菜是一项重要的工作。因各种原料合理的配合对于确定菜肴的质、量、色、香、味、形、营养及成本核算、菜品研发都有着直接的影响。

1.配菜确定菜肴的品质与数量

菜肴的品质由原料决定，固然还有刀工、火候、烹调技术、调味等多方面的因素，但配菜是其中一个十分重要的环节。因为原料的选择与确定，各种原料的搭配比例，主辅料的配合比例是否得当，整个菜肴的内容构成是否科学，都与菜肴的质量有密切的关系。菜肴的量，是指一个菜肴各种原料的数量。这虽然一般有规格可循，但配菜者是否能按规格办事？这是一个问题。倘若投料分量与配合比例不合理，都会影响菜肴的质和量。菜肴数量的搭配，就是菜肴主料、配料搭配的数量。应该注意主料与配料的比例是否恰当，菜肴的数量和器皿的大小、形态是否适合、协调。

2.配菜确定菜肴的色、香、味、形、质

原料的外形决定于刀工，而菜肴整体的外观则由配菜来决定。配菜时，适当地将形状相似的或相异的组合在一起，使之成为错综且调和的形状。各种原料有其固有的色、香、味等性质，将几种不同的原料配合在一起时，可互相弥补色、香、味、形中任一点之不足，各种原料如配合巧妙，则可充分发挥原料的色、香、味、形、质等特色，起到锦上添花的作用。若配合不佳，则不仅不能互相弥补，反而起了互相消杀的作用，而使菜肴整体的色、香、味、形受影响。比如鱼配葱、虾仁配青豆、狮子头配荸荠末等花色菜之造型等。相反的例子如过于花哨，大红大绿，甚至有些本味较重的青椒、胡萝卜、香菇等与口味清鲜的菜就不能相配，否则就会喧宾夺主。可见，配菜直接关系到菜肴的色、香、味、形。

组成菜肴的主料、配料的质地有软、脆、韧、嫩之分，所含营养物质也各不相同，因此，配菜时应尽可能地达到既符合烹调要求（菜的特性），又使菜肴的营养成分更全面。

质地搭配为了使每个菜肴的主料、配料的质地符合烹调的基本要求，突出菜肴各自具有的特性，配菜时一般是软配软，如豆腐烧鱼、鲜蘑豆腐；脆配脆，如西芹炒虾仁、油爆双脆；韧配韧，如蒜薹炒鱿鱼丝、干煸牛肉丝；嫩配嫩，如掐菜炒里脊丝、菜薹炒芙蓉鸡片等。

3.配菜确定菜肴的成本

配菜时所采用材料的价值、分量的多少、等级的区分、粗细的差别等，将直接影响菜肴的成本。若分量不正确，高级作料与普通作料的配合比率不当，餐馆就要赔本，不仅会影响菜肴品质，也会使消费者蒙受损失，因菜肴成本提高势必转嫁给消费者，而影响经营上合理的收入。因此，配菜是掌握成本，进行经济核算，实行公平合理经营以及成本统计上的一个关键环节。企业规定的菜肴定量完全由配菜厨师来掌握。各种宴会酒席只规定了定额标准，没有菜单和定量，完全靠配菜师傅设计和掌握，这就要求配菜师傅首先完全掌握成本核算的相关知识，其次将相关理念和知识运用到实践操作中去，节约用料，以质配料，综合用料，不乱配料，不浪费料，真正将配菜过程中的成本控制到位。

4.配菜也是创新菜肴品种的重要环节

除刀工与烹调法外，能使菜肴富于多变的原因，要归功于各种不同的原料配合。配菜即是创造更多新菜肴的根本。配菜过程中的刀功搭配、色彩搭配、质地搭配、荤素搭配、营养搭配等很多搭配理念都可运用到创新菜肴品种的环节中去。

要富有创新精神和创新理念，配菜师傅不仅要掌握传统菜肴的配制方法和标准，要有专业文化素养底蕴，而且要不断提高审美能力，根据原料刀工、烹调特点不断创新，设计出更加精美的菜肴来。

5.配菜确定菜肴的营养价值

一桌筵席菜肴各种营养成分的合理配置,经设计确定以后,就需在每一款菜式中体现出来。配菜要符合每款菜肴的标准设计,主副料的搭配可以确保平衡膳食的实现。不同原料有不同的营养成分含量,即使同一原料,由于部位的不同,其营养成分的含量也有差异。蔬菜含维生素多,肉类含蛋白质和脂肪多,一个菜肴如果有菜有肉,就必须准确掌握投放比例,使菜肴能有最优的营养素配合与互补,这正是配菜的功夫。

营养搭配配菜要尽量使所烹制的菜肴的营养更丰富、更全面,使食者吸取更多更全面的营养。各种新鲜的肉类配以新鲜细嫩的蔬菜,是非常普遍采用的配菜形式。肉类原料富含蛋白质、脂肪,而蔬菜含有各种维生素。如芹菜炒牛肉丝,牛肉的蛋白质、脂肪是芹菜的十几倍,而芹菜的各种维生素又比牛肉含量多,在营养成分上相互弥补。

二、配菜的原则

1.色的配合

菜肴颜色的配合,其实是主辅料色泽的配合。一般是通过辅料,衬托或突出主料,其形成的色泽,色彩搭配要求协调、美观、大方,有层次感。色彩搭配的一般原则是配料衬托主料。可以分为顺色、花色、异色。

(1)顺色:即主辅料颜色相同或十分相近,色泽基本一致。此类多为白色,所用调料,也是盐、味精和浅色的料酒、白酱油等。这类保持原料本色的菜肴,色泽嫩白,给人以清爽之感,食之也利口。如"炆水晶田鸡",田鸡肉剁成幼丁为白色,敷盖在上面的辅料是虾胶、蛋白、杏仁等经拌匀蒸熟后也是白色,此菜肴色泽洁白。

(2)花色:指辅料是多种与主料不同的颜色。多种不同颜色的辅料与主料的配搭,必须根据菜肴的特点,使配色的结果,形象生动,协调和谐,给人以美的感觉。如果只是花花绿绿,凌乱无章,只能给顾客带来厌烦感。如"芙蓉鸡片"的色彩洁白,若添加几分绿蔬,则更可衬出如芙蓉花般的白色色泽。又如"炒虾仁",虾仁本就白里透红,自然而美丽,若加入一些青豆,更给人以清新之感。若加竹笋或茭白,则不能达到色调和谐的效果。

(3)异色:指主辅料色彩相反。异色配合要十分讲究,因其易产生令人厌恶的色彩,尤其是动物性原料。例如在白色的田鸡肉上盖黑色香菇,便易引起人们联想起田鸡(水鸡)的状貌而恶心。如"炒虾仁"倘若加入木耳则使虾仁的白色与木耳的黑色无法调和,反而破坏了美感。

各种菜肴的原料各有其色。这些色彩经烹调后将产生不同程度的变化。配菜时须引起重视。配色依实际情形而定,但以色彩调和,具有美感为原则。除注意单个菜肴色调的配合外,也须注意全桌菜肴色彩的调和。

2.香与味的配合

菜肴的原料大多数有其固有的味道,极少数是没有明显滋味的,如鱼翅、海参、竹笙等。配菜厨师除必须全面了解原料未加热前的味道外,还需了解加热后所产生的香和味,以及由于烹制方法的不同,引起原料香和味的复杂变化。遵循去腥、提鲜、增香、减腻、助美、抑浓的原则,恰当配搭辅料。例如,以蚝(牡蛎)为主料,如采用"煎"的方法制成"蚝烙",其配料是薯粉、蛋,烹成的菜肴极鲜香可口,乃为潮汕名菜。若用蚝泡汤,就不能以蛋品为配料,因蚝用于泡汤,鲜美味很淡,蛋在汤中对汤汁不能挥发香鲜味。蚝汤的鲜美味,必须借助肉类,如用上汤或二汤,再配些茼蒿或紫菜,或潮汕咸菜,就能有香鲜美味。

大多数原料本身即具有独特的香与味,但烹调的味与香,需经加热与调味后才能真正显出,因此需要了解在烹调完成时会有何等的香与味产生,在配合原料时才能以熟练的方法搭配香与味。香与味的搭配属于复杂的技术,一般而言,动物性原料与植物性原料各具有不同的鲜美味道及挥发性的芳香物质,故在配合原料时,应注意保持及提升这些香味的产生。如洋葱、蒜、芹菜等均含有丰富的芳香物质,适于与动物性的原料配合,使菜肴更香、味更美。此外,芳香浓厚的可与香味较淡的搭配。若香与味的配合不佳,就会影响菜肴的品质。例如"蟹黄狮子头"如添加香菜,将会使此菜黯然失色。香味相似的原料也不适合搭配,例如牛肉与羊肉,青鱼与黄鱼,马铃薯与山芋,丝瓜与黄瓜,青菜与莴苣等。

一般主料香和味比较突出的,配料起辅助与衬托作用。若主料本身没有什么香鲜味或味较淡的,必须用较浓的辅料弥补,如"焖豆腐盒",因豆腐本身味淡,需要虾肉、鸡肉、猪肉、香菇及其他多种配料,使制成的菜肴味鲜浓郁。

3.形状的配合

菜肴不讲究外观,胡乱地把烹制的原料堆在盘子里,只能给人以仓促、草率之感,不能令人畅快;具有整齐美好外观的菜肴,却能使顾客心欢意悦。但讲究菜肴外观,必须着重提高菜肴质量,而不是追求形式美,不顾质量。

形状的配合,关系菜肴的外观,也影响菜肴的品质。菜肴除保持自然的形状外,还可以运用刀工处理使其更趋方便。加热时间的长短与原料形状的差异有密切关系,形状细小的原料,不适于长时间烹调;形状粗大的原料不适于短时间烹调。

辅料与主料的形状配合,原则上是辅料适应主料的形状,衬托主料的形状,突出主料。主料若是条形,辅料也必须是条形;主料是粒状,辅料也应是粒状。即所谓"块配块","片配片","丁配丁","丝配丝","条配条"。一般来说,辅料应小于主料,不能喧宾夺主。至于主料因改花刀而经加热变形的,辅料不能死板跟着其变形状态切配,而是按上述原则,灵活处理,求其协调匀称。配花色菜时,应仔细留意构图的统一,必须整齐均衡,清洁明晰、美丽逼真,才能吸引人。

4.质的配合

在一份菜肴中,主、辅料在质地上的配合也很重要。除应考虑原料的性质以外,更重要的是要适应烹调方法的要求。

同质相配:有些菜肴,辅料与主料的质地相同,即菜肴的主辅料应软软相配(如"鲜蘑豆腐"),脆脆相配(如"油爆双脆"),韧韧相配(如"海带牛肉丝"),嫩嫩相配(如"芙蓉鸡片")等,这样搭配,能使菜肴生熟一致,吃口一致;也就是说,符合烹调要求,各具自己的特色。主料的质地是脆性的,辅料的质地也应当是脆性的;主料的质地是软的,辅料也应当是软的。例如"爆双脆",所用的原料是鸡肫配以猪肚头(这两种原料都是主料),质地都是脆的;"熘鱼片"的主料是软嫩的,则配以菜心等比较嫩的辅料。在这些菜肴中,如果主料与辅料搭配不当,就会影响菜肴的特色。

有些菜肴,辅料与主料的质地并不要求相同。常见的如"肉丝炒笋丝",其中肉丝是比较软的,而笋丝就比较脆嫩,但两者搭配在一起,只要火候与调味掌握得当,烹制成的菜肴很受欢迎。在以炖、焖、烧、扒等长时间加热的烹调方法制作的菜肴中,主、辅料软强相配的情况就更多了,但却可以通过投料先后和火候的适当,而使之达到软硬基本一致。

5.菜肴与器皿的配合

我国有句俗话,叫作"美食必有美器",这说明了器皿和菜肴的关系。当然,在家庭中不可能像大饭店、餐厅那样讲究器皿的配合,但最起码的菜肴与器皿的配合还是要做到的。一是菜量要和盛菜的盘、碗相吻合,即菜量不可过多,也不可过少,只有相宜才悦目。二是在有条件时,某些菜还要使用特殊器皿,如整鱼则要用鱼盘盛;熘、烩一类菜肴汤汁多,使用深一些的汤盘才相宜。

6.营养成分的配合

菜肴中所含的营养成分的多少,是否有利于消化吸收,也是配菜时要考虑到的。不同的原料所含的营养成分不一样,这就需要在配菜时将不同的原料进行适当配合。作为一个新型厨师,必须掌握各种原料营养成分的知识,以便在实践中掌握和运用,使食者得到较全面的营养,从而提高人们的健康水平。

7.量的搭配

突出主料:配制多种主辅原料的菜肴时,应使主料在数量上占主体地位。例如"蒜苗炒肉丝""韭菜炒肉丝"等当令的菜肴,主要是吃蒜苗和韭菜的鲜味,因此配制时就应使蒜苗和韭菜占主体地位,如果时令已过,此菜就应以肉丝为主。

平分秋色:配制无主、辅原料之分的菜肴时,各种原料在数量上应基本相当,互相衬托。例如"熘三样""爆双脆""烩什锦"等,就是属于这类。

第二节　配菜的要求和方法

一、配菜的基本要求

配菜的基本要求，其实也就是对配菜厨师的基本要求，因为配菜不是机械操作，配菜的优劣与好坏，是否合理恰当，都取决于配菜的厨师。配菜对于菜肴的烹制至关重要，它涉及烹饪工作的多方面知识与技能，故对配菜厨师的要求也应该是高标准的。基本要求是：

1.必须熟悉和了解原料的情况

不同的菜肴都是由各种不同的原料配制而成的，所以配菜工作首先必须熟悉了解原料方面的情况，熟悉原料的性能。

烹饪原料复杂多样，有硬与软、鲜与干、肥与瘦等之分。原料品种不同，其性能各异，因而在烹调过程中，原料发生的变化也不同。同一原料，由于产地的不同，生产季节的不同，其性能与特点也存在不少差异。如鲥鱼在立夏至端午这一时期，肉质特别肥美，过了这一时期肉质就老了，鲜味也差了；鲜蚝秋冬最肥大，夏季瘦小。稚鸡适宜烹制菜肴，老母鸡适宜熬汤。制鸡蓉适宜用鸡胸肉，不宜用鸡腿肉。蔬菜也讲究生产季节，如芥蓝全年均有上市，但真正产芥蓝的季节是秋末至春天，其他季节上市的芥蓝，质量较差。以上事例说明同一原料由于生产季节的不同、产地的不同而质量也不同；动物性原料由于身体部位的不同、老与嫩的不同，应用也不同，各部位原料差异也较大，有些部位肉质嫩而且结缔组织少，如猪身上的里脊肉、通脊肉，鸡、鸭的胸脯肉等，其质地嫩，适用于爆、炒、滑、熘、煎、烹，有的部位原料质地老，而且结缔组织多，在烹制中只适于焖、炖、蒸、煮等长时间加热的技法。故不同性质的原料，绝不能混合使用，配菜人员必须熟悉各种烹饪原料的性能与特点，才能恰当、合理使用及配搭原料，否则将影响菜肴质量。

2.了解市场供应情况，掌握成本核算

市场上有关原料的供应，不是一成不变的，而是随着季节变化、供应需求、产品数量等因素而改变的。有时这一品种多了，有时那一品种少了，配菜人员对这些情况，必须有所了解，才能配合市场供应情况，多用市场上供应多的品种，适当少用市场上供应紧张的品种，并利用代用品制造出新的菜肴来。

了解市场行情和掌握成本核算，目的是使酒家能获得合理经营利润，顾客又不吃亏。顾客定筵席，一桌多少菜全是确定了的。烹制的菜肴，数量与质量如何？

是酒家亏本还是顾客吃大亏？这与配菜者的选料与投料数量关系甚大。因此，配菜者必须善于进行成本核算，而准确进行成本核算的前提是对市场信息的了解，不仅要知道各种原料的原始进货价，而且要掌握当前的市场价格。然后根据原料从毛料到净料的耗损率或净料率；每个菜肴各种原料的数量、质量及成本；按规定每个菜肴的毛利率，确定菜肴的成本和售价。从而准确掌握投料的质量与数量。总之，通过成本核算，使本单位能获得合理的利润，消费者又不会吃亏。

3.掌握货源，了解企业贮备货情况

掌握货源情况的目的，主要是解决供求矛盾，防止供需脱节。货源包括两个方面，一是市场的供应情况，二是餐馆酒家自身的原料储存情况。配菜人员对本店每天的用料数量应该有一个约数，根据每天用料的需求量，提醒采购人员做好备料工作，尤其是一些名贵的干货原料需要从外地购入而又可贮存较久的，更需从长计议，不能临急抱佛脚。一些鲜货原料，尤其是海鲜，往往因季节和气候的变化，而影响市场货源，配菜人员必须充分掌握信息，与厨师长及采购人员做好沟通、协调工作。

4.必须熟悉菜肴的制作工艺及特点、名称

中国烹饪博大而精深，菜肴品种繁多，每个地区都有许多具有地方风味的特色菜品，各餐馆又有各自的招牌菜、特色菜，形成自己独有的风格。同时每一菜肴都有每一菜肴的制作特点，都有一定的用料标准、刀工要求和烹调方法。因此，配菜时，必须对本餐馆的菜肴名称、制作特点了如指掌，才能组配出符合工艺要求的菜肴。除了解本餐馆的菜肴特色以外，对本地区同行业以及其他地方菜和不同菜系菜肴的特色，都应有所了解。这样，才能在配菜过程中有所比较、有所创新，在原有的基础上，创造出新的品种。

5.既精通刀工又了解烹调

热菜的配菜介于刀工的烹调之间，它是刀工的继续，也是烹调的前提，它的操作技术具有左右刀工和烹调这两道工序的作用，前面已经讲过，它与刀工是密切不可分割的一个整体。如果不精通刀工，是做不好配菜工作的，不仅如此，一个配菜人员还必须懂得运用不同的火候和调味，对原料产生怎样的变化，以及各种烹调方法的特点，特别是本企业的地方菜和烹调特点，只有在充分了解这些变化与特点的基础上才能很好地掌握配菜的关键，使配出来的菜肴能够符合标准，通过烹调以后色、香、味、形都能充分体现出来，所以配菜是联系刀工和烹调的纽带，配菜人员必须既精通刀工的操作技术，又了解烹调的操作关键，才能把工作做好。

(1)经刀工处理的原料往往是多种多样的，通晓刀工才能正确选准某一菜肴所需要的经刀工处理的原料；

(2)通晓刀工有助于鉴别刀工优劣，对不符合规格的可向初加工厨师提出改进意见。

通晓刀工与烹调方法,以及准确掌握各式菜肴的原料配搭,三者密切联系在一起,熟知各款菜肴所需的原料,才能检验供给的原料是否齐备、充足;熟悉烹调方法,才能保证各种原料投放的数量比例,并能按菜肴的烹调环节及时配菜。

6.掌握定质定量的标准及起货成率

配菜人员必须掌握每个菜肴的规格质量,要做到熟悉和掌握每种原料从毛料到净料的起货成率;确定构成每个菜肴的主料、辅料的质量和数量;配菜时必须切实按照本餐馆的规格,执单办事,使成本和毛利都很准确,餐馆与消费者都不吃亏。

7.注意主、辅料应分别放置

一个菜肴,往往有多种主、辅料,当然这也不是绝对的,但在多种主、辅料配菜时,应将各种原料分别放置在碗内,不能全部混在一起,这样下锅时无法分,会发生生熟不匀的现象,严重影响菜肴质量,所以要将先后下锅的原料分别放置。

凡是有主辅料的菜肴,一般主料在质方面都应占主要作用。辅料对主料起陪衬或补充作用,主料居于主位,辅料居于宾位,必须突出主料,不可喧宾夺主。一般来说,主料大都是用动物性原料,辅料大多用植物性原料,但也有些例外。例如,火腿汁扒芥菜胆,是以芥菜胆为主料,火腿汁为辅料;再如虾子冬笋,是以冬笋为主料,虾子为辅料。

8.必须具有一定水平的审美观

配菜人员还必须具有美学方面的知识,懂得构图和色彩的某些原理,以便在配菜时,使各种原料在形态、色彩上相互协调、美观、雅致,增强菜肴的艺术感,给消费者以美的享受。

9.必须注意原料营养成分的配合

菜肴中原料的组配,大多数是符合营养原则的,但以往由于科学水平的限制,特别是受前辈厨师文化科学水平的影响,加之在创新菜肴时多注意味形之美,对于营养成分的相互配合、相互补充等问题往往不够注重。作为一名新一代从业人员,必须懂得各种不同原料配合后在烹调过程中所起的变化等理论知识。在配菜时,注意这些原料营养成分的相互配合、相互补充,使食者能得到全面的营养。

配菜厨师合理配搭菜肴的营养成分,是时代的要求,是必要的,而且是有条件的。配菜厨师应该勤学苦练,广泛全面学习有关知识,熟悉各种原料的营养成分,才能合理地科学地搭配原料,提高菜肴的营养价值。

10.不断提高素质,创造出新的花式品种

配菜厨师既要注意发扬优良的烹饪传统,又要重视菜肴的创新。创新菜肴,是时代的需要。

第七章 配菜

随着人们生活水平的提高，对饮食的要求也越来越高，人们上酒楼，不仅图吃饱，更望吃巧，故需要有适合顾客口味且有营养价值的新品种，以满足消费者的需要。

随着物质生活的丰富，市场的繁荣，新的烹饪原料不断增加。如何充分发挥新原料的作用，创造出新的菜式，这是配菜厨师面临的新课题。

二、一般菜肴配菜的基本方法

原料的配合，分为一般菜与花色菜两种。一般菜较为纯朴；花色菜则属于技巧性的，多在色与形上下功夫。以下介绍以一般菜为主的配菜基本方法。

以原料分量来区别时，配菜有单一原料的配合、主辅料兼有的菜肴配合以及多种原料混合不分主次的菜肴配合三大种类。

1.配单一原料的菜肴

菜肴由一种原料构成，无任何配料的叫单一料菜。一般而言，几乎所有的原料都可以单独成菜。因只使用一种原料，无须其他原料的配合，所以做法极其简单。这类菜肴多在菜肴名称之前冠以"清"字，如清炒肉丝、清炒白菜等。

然而，配单一原料时，要突出原料的长处，掩盖短处。因为我们食用单一原料菜肴时，主要以品尝该原料特有的风味为目的，因此对于选择原料、初步加工及刀工等均须特别注意。所用蔬菜必须新鲜、细嫩；肉类原料必须选用其精华部位，才能突出主料或肥美、或鲜香、或细嫩的特点。比如"清炒豆苗"时很多酒店都会将豆苗的老叶或根部取除，用嫩头制菜。"清蒸鲥鱼"因鲥鱼的鳞脂肪含量颇丰，口感肥美故不去除。熊掌因本身的味道不足，故作为单一料时必须添加若干火腿、鸡肉与之一同蒸煮，然后再除去火腿、鸡肉，以单一料的姿态上桌。

除此之外，有以一种原料为主，但在其表面排列有其他原料，使成美丽菜样者。例如"兰花鸽蛋"，此菜将鸽蛋排列于盘上，再以火腿薄片为花瓣、葱丝为叶、发菜为须，在鸽蛋上排出一式兰花图案。该菜肴虽有火腿、发菜等其他原料的配合，但也仅仅是作为装饰品使用，故此菜肴仍算为单一料的菜肴。

2.配主辅料兼有的菜肴

主料与辅料的配合，是指一种菜肴，除使用主料外，又添上一定数量的辅料。添加辅料的目的，主要是对于主料的色、香、味、形及营养做适当的调整作用。例如"竹笋肉""金塔扣肉"等菜富含脂肪，吃起来非常油腻，若添加若干蔬菜，不仅可调和过度的油腻，且可平添色彩的鲜艳。又如"洋葱猪排"除主料猪排外，另添有若干洋葱，可使主料更具香味。肉类含有丰富的蛋白质，脂肪也多。蔬菜却含有多量维生素。两者互相配合，使营养更趋平衡。

配有主料、配料或多种料的菜肴时，必须突出主料，使配料起陪衬、烘托和补充的作用。这类菜肴的主料多用动物性原料。

但也有一些菜肴是用动物性原料做配料的,如八宝豆腐、烧瓤豆腐等菜肴的豆腐、青椒是主料,猪肉、鸡肉、虾肉、火腿等馅料为配料。一般来说,主料和配料的搭配比例一般有主料占四分之三,配料占四分之一;主料占三分之二,配料占三分之一;主料、配料各占一半等几种。

由主料与辅料所配合的菜肴,一般而言,主料占品质上重要的地位,而辅料则为衬托、辅助或补充,不得有喧宾夺主的现象。一般主料多采用动物性原料,辅料则使用植物性原料。当然也有例外者,例如北京菜"八宝豆腐"以豆腐为主料,火腿、鸡肉、虾米、干贝为辅料;扬州菜"大煮干丝"以干丝为主,火腿、虾米为辅;四川菜中"飘黄瓜"以黄瓜为主,猪肉、鸡蛋为辅料。

3.配多种原料混合不分主次的菜肴

所谓不分主副料的多种类原料,系指由两种或两种以上分量略同的材料所构成的菜肴。其中主辅料不必加以区分。倘若几种原料的分量与体积或味道的浓淡有显著的差异时,需调整分量,以期平衡。此种菜类,配菜技术较为复杂,对于各种色、香、味、形的配合,应持慎重的态度来处理。例如"油爆双脆"中所使用的鸡或鸭的肫,以及猪肚,均属清脆而富于弹性的原料,因此,在外形可采用蓑衣块的方式,其剖制的深浅、块粒的大小、厚薄等必须划一。又如"糟熘三白"中的鸡、鱼、竹笋等,均应切成片,使色泽洁白,吃起来软嫩可口。

配主料与配料不分或配多种原料的菜肴时,要使各种原料搭配的比例大体一致。如两种主料的菜,每种主料应各占二分之一,三种的应各占三分之一。对各种原料的刀工处理也要力求一致。

无论主辅分明或主辅不分的菜肴,各种原料,均须分别放入各种器皿中,因为调理有先后之分,若混淆在一起,难以分开下锅,可能影响炒煮的时间而损及品质。

三、造型菜肴的配制方法与技巧

1.花色菜肴的要求和方法

(1)花色菜系在色与形上加以特别处理的具有艺术性的菜肴

花色菜在刀工与原料配合上有独到的功夫,没有高超的技术无法做成色、形俱佳,味美而富有营养的菜品。要做好花色菜必须注意:严格选择原料,以方便造形上的处理;菜样的图案、形状、色调宜大方、美丽、和谐,因多使用手工,故须注意清洁卫生。

(2)花色菜的配合,变化多而微妙。以下介绍几种方法。

叠:叠是将色、味不同的原料加工成相同的形状,多为片状,然后隔片重叠,间涂入糊状料（如虾蓉），重叠为一个整体。例如锅贴鱼：将鱼片、火腿、猪肉、咸菜叶切成同样大小的长方形，各贴在鱼片双面，片间涂以虾蓉而成。

卷：卷是将有弹性的原料切成较大的长方片，再将色味不同的料切成细丝或蓉末，分别排在片上，上涂以蛋粉糊（鸡蛋加淀粉的糊），滚卷而成。两端可制成各种美丽的形状。例如"三丝鱼卷"是在较大的长方形鱼片上，搁置火腿、笋、香菇丝（切得长些，让其从鱼片内露出），卷起鱼片涂上蛋糊粉使两端合闭。然后蒸或油炸淋汁而成。

排：排有两种：如"葵花鸭片"，先将鸭肉、蘑菇、竹笋、火腿等不同色彩的四种原料切成厚片，在碗底放一个圆香菇，再将鸭肉、蘑菇、竹笋、火腿片铺于其上，交替排成复瓣葵花状，面上放碎鸭肉，再加调味料，放入蒸笼内蒸熟，覆在盘上扣出，再用绿叶点缀周围即成。另一种是使用一种主料，而将其他原料添在周围，摆成各种图样，如"兰花鸽蛋"。

扎：扎是将切成条或片的原料，用黄花菜、扁尖丝、海带等扎成一束束的形状。例如"柴把鸭"，是将去骨加热的鸭肉条，添加火腿条、冬菇条、笋条，外面再以干菜丝扎成束，放入蒸笼蒸成汤菜。又如"清汤腰带鸡"，是将去骨的鸡肉、火腿、竹笋、香菇切成片，片间开洞，再以扁尖串成，扎结两端，使其状似腰带，添调味料与清汤在蒸笼蒸煮的一项名菜。

瓤：是以一种原料为主料，将其他原料填装其中的花色菜。如"瓤青椒"，先去掉青椒心，里面涂上薄薄一层的干菱粉。再将猪肉、火腿切成茸状，外加荸荠末及调味料，搅拌均匀后放入青椒内。放入锅中油煎后加汤烧成。

包：包是将鸡、鱼、虾、猪肉等嫩软无骨的原料切成片或茸，包在网油、蛋饼或荷叶中，加热制成的花色菜。如"鱼皮馄饨"等，先去掉大黄鱼骨，再切成大丁，蘸上菱粉，用擀面棒敲成薄皮，再将已调味的虾仁作馅心，包成馄饨形，氽熟。

塑：塑是对菜肴进行形象塑造。如"绣球白菜"，以白菜为主料，烹出的菜肴状貌像个绣球。这是经过了一个复杂的加工程序：将大白菜逐瓣剥开，切去菜心，把剩余的菜切成瓣状插入缝隙，将鸡肉、鸡胗、香菇、火腿等经切细加热入味之后制成的馅料，置于菜中间，再把各瓣菜包起，用芹菜茎扎紧，使之状如圆球。再蘸淀粉后放进油锅略炒，并加各种辅料（爆）炖佐味，起锅后又加味料。菜肴造型似绣球。配菜须按造型需要进行。

穿：穿是将切成丝或条的原料穿进脱离的动物性原料中，使半成品形状整齐，味道鲜香。如"玉簪田鸡"是将田鸡腿的腿骨抽掉，然后把火腿、香菇、笋片切成丝，一起穿入腿肉中，撒薄粉后过油，再加味料勾芡成菜。其形似玉簪，造型整齐美观。

串：串是指用硬物将多种原料串连起来，使之成为一种特殊的造型。例如"旗斗鸭"，把鸭起肉，取骨10～12支，把鸭肉切成块状，香菇也切成同样的形状后，用鸭骨串起成串，成为一种造型美观的菜点。

酿：酿是把经加工调味制成的泥蓉状辅料，或盖在主料上面，或垫在主料下面，或镶入主料中间，使之造型美观，增添美味。如潮菜的"酿百花鸡"，把由虾胶等原料制成的馅料，盖在鸡肉上面。"酿金钱鳔"则是把虾肉、赤肉打成胶状，再加上方鱼末之后，酿进鱼鳔中。"酿七星鸡"则是在主料鸡肉下面酿上虾胶。

贴：贴是将主料与辅料相贴在一起，使造型得体，增加美味。例如"香酥芙蓉鸭"，把粘上芫荽叶和火腿片的蛋白泡件，贴于炸成金黄色的鸭块上，使其造型美观。

扣：扣是为了菜肴能入味和造型的需要，把主料放在底层然后进行焖、炖，上桌时把菜肴翻扣过来。如"玻璃白菜"，先将过油大白菜放进碗里，加上香菇、肉等配料，经焖煮后翻扣过来，原料加薄粉水勾芡淋上，菜肴色白透亮，状似玻璃，油滑软烂。

填：主要是禽类经摘除内脏和脱骨之后，在其腹内填入经加工调味的细料。如"鸽吞燕"、"鸽吞翅"和"荷包鸡"、"荷包鸭"等。配菜必须根据菜肴的各种造型要求，准确合理配齐各种原料。

2.花色拼盘的要求和方法

花色拼盘在菜肴中享有十分重要的地位，因为它往往出现在高级筵席中，尽管其经济价值远不如燕、翅、鲍，但其艺术价值和观赏价值相当高。此外，花色拼盘必须是第一道菜，它具有先声夺人、渲染气氛的作用。它往往能给入宴者暗示或预告筵席的档次及宴请的隆重程度。下面就介绍下花色拼盘配菜的要求与方法：

（1）掌握宴席的内容和规格要求

筵席的内容是指设宴的用意，如祝寿、婚庆、招待贵宾、百日宴、乔迁宴、庆功、纪念活动、聚会、欢度节日、开业及其他各种盛典等。规格要求是根据菜肴金额确定档次。

（2）构思设计

在明确宴席的内容和规格之后，就要根据主题构思"拼盘"的主旨，设计逼真的造型图案。花色拼盘的先声夺人首先体现在菜肴造型上。花色拼盘是典型的花式菜，它有广阔的遐想空间和发挥余地，让厨师雕花刻鸟、拼摆造型时游刃有余，比热菜的造型，天地更宽广。设计必须紧靠内容题旨，如婚庆用的拼盘，可围绕龙凤呈祥与花红月圆、相亲相爱等进行设计。属寿宴的可围绕寿比南山、松鹤延年之类进行设计。属全家合宴的可围绕花开富贵、金玉满堂、团团圆圆之类进行设计。属送别的可围绕一帆风顺、鹏程万里、如意吉祥之类进行设计。体现主题的设计，可凭借菜肴，也可借助食雕，若两者能互相配合，色彩比例和谐搭配，更为理想。

(3) 严格选料

选料是根据筵席的档次和图案设计的需要,因此,选料必须有助于表现构思的主旨。但这并不意味为了构图造型,可随便选用任何档次的原料。而是必须在保证"花色拼盘"菜肴质量和筵席档次要求的基础上进行选料:

①各式原料鲜美质好;

②色彩配合协调,又能符合构图需要;刀工精细,服从设计要求。

(4) 装盘造型

备好各种原料及点缀食雕之后,便可装盘。首先要选好所用器皿,包括其质地、大小、形状、颜色等,使其能更好地表现主题,显示筵席的档次。装盘是一种艺术,制作者必须具备一定的审美能力。总之,"花色拼盘"必须主题鲜明,色彩绚丽协调,造型美观大方,风格高雅,气派不凡。

四、宴席菜肴的配制方法与技巧

(一) 筵席配菜的意义

筵席又称酒席,是人们为了一定社交目的而聚餐的一种方式,具有一定规格质量的整套菜点。

从形式上讲,筵席是多人聚餐的一种饮食方式;从内容上讲,筵席是按一定规格和程序组合起来,具有一定质量的整套菜点;

从作用上讲,筵席又是交际、庆祝、纪念等社交活动的一种方式。筵席配菜是根据设宴要求选择多种类型的单个菜点适当搭配组合,并成为具有一定质量规格的整套菜点设计、加工的过程。

筵席配菜是确定筵席形式、规格、内容、质量的重要手段,这是一道综合性的工序。

配菜时必须具有全面的烹饪(包括面点)知识,熟悉各种菜点的制作过程,掌握筵席的基本知识和成本核算方法,才能做好筵席配菜工作。

(二) 筵席配菜的基本要求

1. 必须熟悉筵席的类型、规格和上菜要求

不同类型的筵席,其规格和上菜要求也不相同,目前我国筵席主要有宴会席、便餐席、酒会席三种。

(1) 宴会席:宴会席是我国传统的正宗筵席形式,其特点是气氛隆重,形式高雅,内容丰富。

(2) 便餐席:便餐席是宴会席的简化形式,其特点是不拘形式,气氛随便,内容简单灵活,菜肴可根据客户的需要,随意选择几个时令菜肴或具有地方特色的

菜点。

(3)酒会席:酒会席是由西餐酒会的形式演变而来的筵席形式,具有形式自由、气氛活泼、食用随便等特点。

2.掌握整套筵席菜点的数量和质量

筵席菜点的数量与质量直接影响筵席的规格和水平,必须很好地掌握。

(1)数量

每桌筵席应以平均每人能吃到500g左右的净料为原则。菜肴的个数,应根据筵席的规格和客户的要求而定。一般在12~20个之间。

(2)质量

在保证菜肴有足够数量的前提下,根据筵席规格的高低,选择恰当的原料,并在主、辅料搭配的比例上适当调节,烹饪原料,不仅不同类的品种质量有珍贵与一般之别。

3.要注意整套菜肴菜点色、香、味、形、质、器的配合

4.能制定筵席菜单和成本核算

5.美化筵席菜肴,使筵席具有一定的艺术性

(三)筵席配菜的方法及实例

筵席配菜一般包括冷菜的配菜、热炒菜的配菜、大菜(包括汤)的配菜、点心的配菜,有的还配置水果和干果。

1.冷菜的配法:

冷菜又称冷盆、冷荤、冷盘,约占整套菜点成本的15%~25%,总重量为1000~1500g。

2.热炒菜的配法:

热炒菜的成本约占整套菜点的30%~40%,每套筵席菜肴热炒菜一般为4~8个,每个热炒菜净料重量约为350~450g。

3.大菜的配法

大菜又称大件菜,成本约占整套菜点成本的35%~45%。每套筵席菜肴的大菜一般为2~5个,每个大菜净料重量约为600~1000g,分量较重。

4.点心的配法:

点心也是筵席中不可缺少的内容,成本约占整套菜点成本的8%~10%。

5.水果和干果:

有的筵席需配水果,有的还要配干果,应根据筵席的规格和地方习俗而定。

第三节 菜肴的命名

自古以来，中国饮食文化就以美食美名，美食美器绚丽多彩，雅俗共赏而著称于世。中国菜菜点命名有的来自厨师，有的源自文人雅士，也有不少出于达官贵人、皇帝老儿，更有不少家常美肴成名于寻常百姓之口。菜点名称既是烹调原辅料、烹调技艺、肴馔风味及烹调思维的体现，也反映了饮食文化、饮食风俗、风情的诸多内涵。而翻开现今餐馆酒楼的菜谱，不难看到不少菜点名称哗众取宠、故弄玄虚、名不副实、莫名其妙，有些甚至十分庸俗低级，有损菜肴及餐馆品牌和营销，以及厨师的素质与形象。做一个德艺双馨，艺文双全的厨师，是现代餐饮之必需。就川菜而言，菜点命名通常分为两大类：一是大众菜肴，要求通俗易懂，一目了然，切忌名不副实；二是席宴菜肴，讲究雅俗共赏，富有意蕴，但也忌讳附庸风雅，孤芳自赏，徒有虚名。

一、菜肴命名的原则

原料切配以后，给菜肴起什么样的名称，不仅关系到菜肴的营销，也体现厨师对整个菜肴操作过程的理解及厨师的素养。尤其是一些创新菜，有一个好听响亮又切合实际的名称确实能为菜肴增添光彩。菜肴命名的主要原则具体有以下几项：

1. 命名应力求名实相符，能充分体现菜肴的全貌和具体品种特色；
2. 命名应力求雅致得体，格调高尚，雅俗共赏，不可牵强附会，滥用辞藻；
3. 突出地方特色、乡土人情及其风味；
4. 音韵和谐，文字简短，朴素大方。

二、菜肴命名的方法

中国菜的种类繁多，菜肴名称非常复杂，但从较常见的菜肴名称中，可归纳出以下几种菜肴命名的方法：

1. 在主料名称前加上烹调方法的名称

例如，大煮干丝、干烧明虾、生煸草头、红烧猪脚、清蒸鲫鱼、粉蒸肉、挂炉烤鸭，这种命名方式直接明了，使人们一看就知道整个菜肴的内容与烹调方法。凡是烹调方法较具特色的菜肴，可用此方法。

2.主配料同时出现在菜名中

例如，虾子蹄膀、洋葱猪排、干贝豆腐，配料还常出现在主料前，突出了配料的重要性。

3.主料前加调味料的种类或调味法的名称

例如，糖醋排骨、椒盐蹄膀、蚝油牛肉、咖喱鸡、鱼香腰花、豆酱水鸭，这种命名法，可让人一目了然菜肴的调味法与调味料。

4.按菜肴的形状命名

例如"清芙蓉鸡"（用蛋白做成芙蓉花盖在鸡肉上），"绣球白菜"修饰语说明菜肴形状，还有布袋鸭、葫芦鸭等菜肴都是按菜肴形状命名。

5.按菜肴颜色定名

例如"白玉干贝""清白玉带"（鹅肝制汤）。

6.在主要原料前表示色、香、味、形的特征

例如，雪花鸡、芙蓉鸡片、香酥鸭、脆鳝、怪味鸭、兰花鸽蛋、蝴蝶海参、焖咖喱鸡，此命名法适用于色、香、味、形皆具显著特色的菜肴。

7.烹调方法加上原料色、香、味、形的特征

例如，油爆双脆（双脆指两种脆物：鸡肫与猪肚）、糟熘三白（三白为：鸡肉、鱼及竹笋）、炒三鲜（三鲜指：鸡肉、鱼、猪肉）、清蒸狮子头等。这种方法可显示原料色、香、味、形的特征，使人借以辨认所使用的原料。

8.在主材料前加地名

例如，闽生果（福建式千果名肴）、成都蛋汤（成都式蛋汤）、宁蚶（宁波蚶子）、西湖醋鱼（杭州人做的糖醋草鱼），此种命名法点明菜肴的起源地，适用于家乡风味浓厚的菜肴。

9.在主材料前加人名

例如，毛家红烧肉、麻婆豆腐、李鸿章杂碎、东坡肉、狗不理包子等。此种命名法点明菜肴的发明人，也有些是利用名人效应。

10.将主辅料及调理方法的名称全部排出来

例如，豆豉扣肉、咸鱼蒸肉饼、香肠蒸鸡、芹菜炒牛肉丝、干菜烧肉，此种起名法极为普遍，用于一般菜肴，由名称可以获悉菜肴的全部内容。

11.用生动形象的比喻或寓意命名

例如，"喜鹊育雏"，以虾胶为主料做成大鸟、小鸟，用豆粉丝、发菜、蛋白丝做成鸟巢，摆设造型。又如"游鱼映月"，以虾胶、鲜鱿做成鱼状，用一个蛋黄置于盘中间象征月亮，盘四周围芫荽造型。

12.特殊盛器加上用料

例如：铁锅蛋、锅仔鲈鱼、砂锅大鱼头等。这种方法，旨在突出盛器。除了以上

几种菜肴的命名法外，还有些带有艺术性的名称，如孔雀开屏、推纱望月、松鼠鳜鱼、小鸟明虾等。这些菜肴的名称常能带给顾客以艺术美感，使饮食充满情趣。

其实，菜肴名称并非一经决定就无法变更，当然，也可以不按前述方法命名，以烹调方式及色、香、味、形各条件的特色为依据，可以创造出符合菜肴内容及特色，且富于艺术性的名称。